U0936170

梦想照亮生活

——34个追梦人的蜕变之旅

主　编　葛　瑶
副主编　李紫骐　刘栩旗

内容提要

读他人的故事，品自己的人生。本书为生命成长故事丛书，主要内容包括34位心理学、家庭教育领域工作者，以及学校教师和正念老师的成长故事和专业经历。

全书语言精练，文章结构紧凑，内容生动，贴近生活。

本书属于励志类图书，可供广大市民阅读。

图书在版编目（CIP）数据

梦想照亮生活 : 34个追梦人的蜕变之旅 / 葛瑶主编. 上海 : 上海交通大学出版社, 2025.6. -- ISBN 978-7-313-32671-3

Ⅰ. B821-49

中国国家版本馆CIP数据核字第20251ZT930号

梦想照亮生活——34个追梦人的蜕变之旅
MENGXIANG ZHAOLIANG SHENGHUO
—— 34GE ZHUIMENGREN DE TUIBIAN ZHI LÜ

主　　编：葛　瑶
出版发行：上海交通大学出版社　　地　　址：上海市番禺路951号
邮政编码：200030　　电　　话：021-64071208
印　　制：常熟市文化印刷有限公司　　经　　销：全国新华书店
开　　本：880mm×1230mm　1/32　　印　　张：9.25
字　　数：176千字
版　　次：2025年6月第1版　　印　　次：2025年6月第1次印刷
书　　号：ISBN 978-7-313-32671-3
定　　价：58.00元

序　一

有次我到在上海的工作坊时，葛瑶老师送给我一份手绘礼物，手绘中寓意与美感自然交融并扑面而来，这种气质是正念践行者带给世界的美妙律动，我也期待着更多正念爱好者能收获这种自由自在的无条件的幸福。

葛瑶老师不仅是K12正念教育体系的开拓者，还创办了中考减压陪伴式提分项目，帮助无数青少年减压与成长。凭借对正念教育的深刻理解和丰富的实践经验，她带领众多志同道合的伙伴共同完成了这本充满智慧和启发的作品，这无疑是一个创举。

这些真实而感人的经历，不仅让我再次感受到梦想的力量，更让我坚信，只要心怀梦想，并且付诸行动，任何人都能获得心灵的成长与人生的蜕变。

这本《梦想照亮生活》如同一座指引生命前行的灯塔，汇集了多位追梦人的心路历程与成长感悟。在每一个故事中，读者都能感受到追梦人从挫折与挑战中崛起，通过坚定的信念与不懈的努力，最终实现了自己的梦想。

梦想如同阳光，赋予生命希望和光辉。作为一名幸福人生导师，我深信每个人的内在都蕴含着无限的潜力，而这本书正好诠释了梦想如何点亮生活，带来转变与希望。

书中的每一位追梦人都在各自的领域中经历了挑战与考验，但他们没有因困难退缩，而是勇敢面对，不断成长并突破自我。这让我想起了李白的《行路难》："长风破浪会有时，直挂云帆济沧海。"这些追梦人正如诗中所言，在风雨中坚持追求内心的目标，最终扬帆起航，抵达梦想的彼岸。追梦人的努力和智慧，让这本书成为一幅生动的成长画卷，带给每一位读者深刻的启迪与力量。

希望《梦想照亮生活》这本书能够像一盏明灯，照亮每一个迷茫的心灵，让更多人在追梦的路上勇敢前行，活出属于自己的精彩人生。

——福多多幸福家创始人

嵇海宝

序　二

▷▶

你的梦想是什么?

你有多久没有问过自己这个问题了呢?或许关于这个问题的记忆,我们还停留在纯真的童年时代、叛逆的青春时代、热血的大学时代……在经历了岁月和社会的“毒打”之后,我们走着走着,把自己的梦想弄丢了。

葛瑶老师主编的这本《梦想照亮生活》来得正是时候,34位追梦人、34个梦想、34段人生,给了我们一束光:梦想无关乎年龄、性别、学历、社会地位……梦想关乎的是你自己:你想活出什么样的人生?你想成为什么样的人?你为什么而活?……梦想还是要有的,万一实现了呢?

我深深地被书中的这句话打动着:“于我而言,什么拯救了我、点亮了我,我就用什么点亮其他人和整个世界。”我想我们在当下这个充满焦虑、压力和内卷、竞争的时代,正是因为有了像本书的34位追梦人这样自助且助人、怀着慈悲之心、心怀天下之人，我们这个社会才会一点一点变得更好吧！

万物皆有裂痕，那是光照进来的地方。

——机械工业出版社华章分社心理图书事业部策划编辑

陈兴军

前　言

在这个世界上，每个人都拥有自己的梦想，它们如同夜空中最亮的星，指引着我们前行的方向。然而，追梦的路上往往充满了荆棘和挑战，许多人在现实的重压下选择了放弃。但是，今天，我想通过我的故事告诉大家，即使是普通人，只要拥有坚定的信念和不懈的努力，也能让梦想照进现实，让梦想照亮生活。

小时候，妈妈买了一套《安徒生童话》送给我。我还依稀记得这套书是全彩的绘本，纸张也是非常厚实的铜版纸，在当时算是做工精美的高档书籍了。妈妈说："这套书很贵，你要好好珍惜。"我每次翻阅都小心翼翼，爱不释手。也就在那时，我爱上了阅读，心里种下了作家梦。

上初中了，我就把小学时代写的作文和周记拿出来，学着老师的样子进行批改，还有模有样地认真写点评，然后写上一个大大的"优"或"良"。也许，在那时就已经注定将来的我会和文字工作打交道。

就这样，我爱上了写作。学生时代我养成了写日记的习惯，记录了很多自己的心情故事。大学毕业后，我如愿成为一名教师，而且是小学的语文教师，开始从事起了语言文字工作，这一做就是10年。

多年的写作经验告诉我“写作即疗愈”，书写的过程就是与自己的对话——看见自己、洞察自己、整合自己。通过写作帮助我处理和缓解内心的情绪困扰、压力，从而达到一种心理上的舒缓和自我治愈的效果。

在自我成长中，我发现我还有很多可能性，还有很多潜能没有发挥出来，也许我真能写一本书，成为一名作家！

然而，我知道这条路并不容易，它需要勇气、毅力和不断地学习。2024年，我迈出了实现梦想的第一步，参与了《写下来的梦想更容易实现》一书的创作，成为一名联合作者。该书6月一上市，就获得了当当社会科学新书7日第一名和语言文学新书7日第一名的好成绩。

这不仅是我的成就，更是我梦想的起点。在出版这本书的过程中，我遇到了很多志同道合的朋友，他们和我一样，都有成为作家的梦想。我们互相鼓励，共同进步，让我更加感受到“把文字变成铅字”的魅力。

我出书的喜讯迅速在朋友圈传开，朋友们纷纷向我表达祝贺，购买我的签名书。为了感谢他们，我在线下开了一场读者答谢会。先生和儿子为我献花，我感动得热泪盈眶，感谢他们在我身后默默支持着我，也见证了我一路实现梦想的坚持与努力。

答谢会上，我与读者朋友们深入交流后，发现他们在祝贺我的同时，纷纷投来了羡慕的目光。“你发展那么快，都出书啦，祝贺你！”“你太厉害了吧，都已经出书啦！怎么做到的？”……他们不断地说我这个厉害、那个厉害，唯独他们忘记了去看见自己。我想说：其实，你也很厉害！只是被你忽略了。

没想到，我身边有那么多人从小就有作家梦、出书梦，只是他们不相信自己可以做到，也不知道有什么途径可以帮助他们实现梦想。而就在答谢会后，有个声音说：你可以帮助更多人实现出书的梦想！

于是，我就张罗起来，短短2周时间，就召集了33位联合作者。在这个过程中，我从一名联合作者成长为主编，这不仅是角色的转变，更是责任和使命的升华。现在你拿在手上的这本书《梦想照亮生活》，就是我们大家共同的作品。本书为生命成长故事丛书，主要内容包括34位心理学、家庭教育领域工作者，以及医护工作人员、学校教师和正念老师的成长故事和专业经历。

他们有的从小自卑，在不断学习成长中找回力量，找到自信，不断拓展，成为专业的助人工作者；有的在生活中遇到很多挑战，从一地鸡毛到从容不迫，平衡事业和家庭，活出自己；有的在工作中遇到打击，后来从艰难的困境中走出来，勇敢地突破自我，开启全新的人生；有的在学校或教育领域深耕多年，拥有自己独到的经验和感悟……希望他们的故事能够让更多家庭和孩子有所收获。

以下是这33位联合作者的一些人生片段。

李紫骐

她从小就想成为一名企业家，自己创业，而不是朝九晚五打工上班。长大后，她真的从月薪800元到年入千万，成为一名企业家。她从东方舞老师到华人礼仪皇后，从礼仪平台的创始人到财富管理的培训教师。她的故事虽然没有跌宕起伏的情节，但她对创造财富规律的探索和对梦想追求的执着，深深打动人心。如今，她希望每一个有缘人，都可以学会和复制她的“财富系统”，做自己生命的掌舵人！

刘栩旗

她是村里第一个走出去的女孩，她家也是村里兄妹三人都考上大学的第一个家庭。她从小被夸听话懂事，长大后这些却成了束缚。她特别在意身边人的眼光和需要，却不知如何表达自己，不会拒绝别人。2006年她走进心理学，内在素养不断提高，越来越内外一致，收获由内而外的喜悦，并渐渐把兴趣变成了事业。她拥有18年的心理学领域实战经验，深耕家庭教育13年，目前致力于帮助更多家长成为有效沟通的智慧父母，培养有梦想的幸福小孩。

阳光宁静

她以全校第一名的成绩考入了当地最好的高中，热爱英语的她梦想将来成为一名英语教育者，可惜收到大学通知书时，她发现意外地被电气化工程专业所录取。她从无法接受到积极面对，大学期间想尽办法旁听英语专业课程，并在大一时顺利通过英语四级考试。毕业后她继续深造，后来报考了英语专业并如愿成为一名英语老师。她从乡村到城市，继续学习心理学和践行正念，并将相关内容融入课堂，做出了自己的特色。她就是阳光宁静，在追梦的途中一路阳光，始终保持内心的宁静和坚定。

武金燕

“我要好好学习当医生，帮舅爷减轻疾病的痛苦。”武金燕无意间翻开一个陈旧的笔记本，泛黄的纸页上写着一行略显稚嫩的文字。写下这句话时，她还是一个青涩懵懂的少年，再次打开日记时已是一名医生。接触心理学后，她明白了真正的治愈是身心的共同康复。心理学知识就像一把神奇的钥匙，打开了患者的心门，也让她在工作中找到了更深层次的意义和价值。用心理学的光芒，温暖更多患者的心灵，让他们在与病魔的斗争中不再孤独和无助。

王兴宁

王兴宁小学时便渴望成为一名教师。作为一名知青子女，她12岁从内蒙古回到上海，环境适应和学习上的困难，让她感到失落和沮丧，但她知道只有努力才能改变现状。她凭着坚韧与努力如愿考上了上海师范大学，成为一名初中化学老师，后来又接触到心理学和正念。一路走来，她坚守初心，梦想如明灯照亮着前行路。

徐晓丽

她是一名拥有36年教龄的中学老师，曾一度认为自己是一位能够平衡家庭和事业的成功女性。儿子青春期的“叛逆”让她开始反思自己的教育方式，走向向内探索的成长之路，成为一位名副其实的“觉醒妈妈”。如今，退休后的她比以前更忙了，马不停蹄地用她的专业和爱心帮助一个个孩子和家庭走向觉醒，向阳生长。

吴俊

吴俊是一名中学“科学”课程的老师。起初她对学生要求严格，面对学生不是用“权威”来“镇压”，就是试图用“良苦用心”来感化。当时的她认为严厉和高压就是教师的“智慧标志”，学生的高度服从性恰恰是她的优质教育成果。但她总觉得与学生之间有一层看不见的隔阂。直到收到一名学生的匿名短信，她开始深刻反思自己，走上了不断学习成长和探索的道路。如今，学生都喜欢称她“科学吴”，还常常会用“尊重、友好、亲切、温柔、思维活跃、善于夸奖、内心强大、热爱生活”等美好的词语来形容她。

心怡

心怡的人生底色和价值观和父母的言传身教有很大关系，即善良、勤劳、爱学习。而她并非一帆风顺，经历了两次创业的失败，但是每一次跌倒，都是成长的契机；每一次尝试，都是向梦想迈进的一步。最终，她感悟到：只要活成“榜样”，就能影响更多人。现在，她已成为更多人的“贵人”，帮助学员进行深度自我探索和疗愈，共同创造一个充满希望的世界。

鸿瑞

年纪轻轻的鸿瑞早已资产千万，但她并不快乐，更不知道梦想是什么？关闭所有校区后，她一度迷茫和绝望。不惑之年，她又重启人生，开始思考活着的意义是什么。通过学习和成长，她已换了个活法，感觉自己像新生的婴儿一样，有种重生的感觉。对未来，她满怀热情，翘首以盼。她将这段心路历程和生活智慧分享出来，也许会启迪你拥有更好的人生。

慧远

创伤性事件在心理学中被称为“生命码头”，与之相关的感受和心念都深埋在我们的潜意识中。从孤独的童年到压抑的青春，慧远饱受着“生命码头”给她带来的痛苦，但她没有选择逃避，而是勇敢面对。如今，她越来越活出了生命本有的平静、自在和喜悦的状态，分享正念生活方式是她的梦想。她开启了“正念一平米”的生命码头疗愈与生命觉醒之旅，携手共创人间的丰盛、喜悦和富足！

魏丽（宝月）

母亲希望她能够好好读书，不要像自己一样留下遗憾。“你一定要好好读书，读书可以改变命运。”她的心中萌发了一个梦想：要成为一名老师。如愿的宝月唤醒了学生的自信，点燃他们对学习的希望与兴趣。如今，她成了生命成长的引路人，也找到了自己真正的天赋和使命。她将帮助更多人清理梦想路上的障碍，提早实现梦想。

张大伟

虽然干着一份不被看好的工作，她却如鱼得水。由于母亲早逝、父亲重组家庭，张大伟从小由爷爷奶奶照顾。后来回到父亲身边，她却只想早点逃离父亲那个家。中考时她选择了上中专读护理专业，毕业后被分配至一家三甲精神病医院，专门护理精神病人，而她越来越喜欢这份工作。现在作为正念静观医学中心护士长的她，在正念领域中积极探索并将所学应用于工作、生活中。

吕鑫鑫

“孩子成为我人生转变的重要契机。”鑫鑫是一名高中物理老师，在当妈妈之前，她一直过着按部就班的生活。她常常感慨人生不应只是为了满足他人的期待而活着。第一个孩子到来时，她开始疯狂地加入学习群，购买各种育儿课程，拥有很多资源和方法，却难以付诸行动。二宝的出生让她变得更加焦虑，家里的争吵和抱怨声也此起彼伏，她内心充满了挣扎和痛苦。后来学习生命智慧，她的人生开始改变，家庭变得和谐了，也找到了自己的热爱。

盈君

“春有百花秋有月，夏有凉风冬有雪。你有故事我有酒，青山绿水间，围炉而坐，闻香喝茶听您诉说。”盈君一路的坎坷经历，让她以为自己这一生会在挣扎和孤独中度过，没想到现在她笔下的故事犹如一串串闪亮的珍珠。“念念不忘，必有回响”，原来那颗心理咨询师的种子早已深埋在她的灵魂深处，最终破土而出，成就了一位如此优秀有文采的心理咨询师。

王美琪

你的梦想有没有在现实生活中一一实现呢？王美琪的故事告诉我们：我可以，我就是最棒的！她从小时候的“哭精”到长大后的“女强人”，一路成长中发现身心健康才是最重要的。她成立的“家文化膳谷学院”就是在身和心两方面提升一个家庭的幸福指数，未来的“膳谷幸福养老院”，让幸福继续传递！“梦想不是眼前的巨人，而是远方的楼阁”，给梦想一次开花的机会吧！

梁浩萍

梁浩萍小时候因骑着多年的破旧自行车而遭到同学嘲笑，她暗暗下定决心要在学习上加倍努力，一定要有出息。初三时她帮助同学提升成绩，她所在的班级成绩从年级最差跃升至第一。2014年，她将所绘的梦想导图发布在“萍说思维导图”公众号上，见证了她的演讲梦、讲师梦、疗愈师梦在10年间均已落地。本书的出版又代表着她迈出了实现作家梦的第一步。如今，她更是不断成长突破自我，在助人助己的路上坚定地用她所积累的知识和宝贵经验，成就更多人的梦想。

高笠

保持好奇，驱动多彩人生。高笠尽管已步入知命之年，还依然保持一颗孩子般的好奇心。无论是学习、工作，还是生活，总有很多事情让她觉得需要为之一探究竟。在追逐梦想的过程中，她也曾被内心恐惧所笼罩，后来接触正念并坚持练习，她不仅成为一名有经验的正念授课老师，更让她学会了接纳恐惧，聚焦梦想，尽情享受追梦的美妙状态。

连理枝

“在天愿作比翼鸟，在地愿为连理枝。”连理枝是一个有听力障碍的女性，几次因听力带来的困扰想退学，但在朋友的帮助下读完中学走进大学，后来独自接受手术并适应助听器。她读研时立志为特殊教育而活，为听力障碍者发声。从工作、创业到成为全职妈妈，不平凡的她，也经历着平凡人的酸甜苦辣，“努力过好平凡人的生活”。

刘艳

神奇的力量真的存在吗？一个高中时很相信传说中的“开天眼”能力的女孩，像模像样地在床上打坐了一个月，以为神奇的力量会出现，就能看到所有考卷和答案。带着对神奇力量的渴望，她开始思考“我是谁”“我要去哪里”的问题。后来从医生的岗位上她逐渐发展成长为一名心理咨询师和生涯规划师，帮助更多人探索这些问题。她的故事也启迪我们：向内看，活出我们的天赋和才华。

玄新

从证明自己，到发现、发展自己，人生才能更轻松。玄新小时候是一个快乐、无拘无束、敢想敢干、充满活力的灵气女孩，后来却变得自卑。初中的她突然想要好好学习，还立志要比男孩强。然而在不断证明优秀中她却丢了自己，后来慢慢开始学习找到自己的感受，像养育一个小孩一样，把自己重新养一遍。现在的她是一名学校的心理老师，过着充满艺术感的生活。她带着更多人走出黑暗，发现自己美妙的人生……

黄玲

黄玲已于三甲医院工作30载。30年来，她不断研习，精进自己的专业，个案咨询累计超20 000小时。她涉及的个案面很广，有“强迫症男孩的治愈历程”“退休老教师的康复之旅”“医务人员自身心理建设”等。她怀揣着对心理治疗的热爱和梦想，用专业知识和同理心去倾听、理解和支持每一个需要帮助的灵魂，为患者带去希望和光明。

温钫珺

温钫珺从小就是一个逍遥自在的乐天派，她的座右铭是：“工作生活都必须得开心！必须得轻松！”正是这个观点使她心态无比好。因为受姑婆榜样的影响，她认为企业家更多的是贡献社会价值。她为之努力，体型管理项目一做就是六年多，从一个“小白”变成了专家。她忠于自己，勇敢面对困难与挑战，实现梦想，成为自己的女王！

王雁立

谁没有青春之痛？谁没有身体之痛？王雁立在30多岁时亚健康状态已不容乐观，这也许是许多创业者面临的身体健康危机。在一次滑雪意外事故中，她忍着剧痛，心里想的是：老天爷又要送什么礼物给我？她开始醒悟，从原来繁忙的事务中抽身并投入学习中，从一个商业领袖转变成一名智慧导师，并且发愿以智慧化导人心，做生命的引路人。

任凡利

“心理学的工作让我在时空穿梭中享受人际之美！”任凡利在实现助人梦想的路上，不仅完成了从爱好心理学到从事心理行业的转变，还收获了和母亲关系的改善。学习成长过程中，她觉察到对母亲的感恩之心完全被抱怨和不满遮蔽，后来用心陪伴母亲走过无法自理的日子，她也走出了抑郁的阴霾，重新找回了对生活的满足感和乐趣。

她绽放

她们没有光鲜亮丽的职业，她们的故事虽然普通但也是真实不凡的人生。五位普通妈妈因为生命成长走到一起，在相互陪伴中不断蜕变，一起向前。现在她们正共同帮助更多妈妈通过读书成长自我、绽放自我、活出自我。活出绝佳的自己，就是绽放自己的生命。

牟俊颖

她年少时因外婆突然生病离世而立志学医，后来穿上白大褂，并不断精进。经历身边亲人的变故，她渐渐发现现代医学看似越来越发达，甚至精准，确实能够拯救某些躯体的疾病，但对于患者内心的痛苦和困惑，往往显得力不从心。于是牟俊颖开始学习钻研心理学并重拾写作梦想，希望能帮助更多人“醒来”。

林格（Green）

小时候，她是一个孤僻不合群的孩子。初中时，凭借着对绘画的热爱和执着，她在零基础的情况下，用心创作了水彩作品《大好河山》并获得省级奖项。看似痛苦的孤独时光却成了她的高光时刻。如今，作为“梦想清单”课程讲师和商业顾问的林格，正在用专业支持更多人活出梦想人生。

周佳

生活的理想就是创造理想的生活！她从小到大都很懂事，认真学习考上了理想大学。28岁前，她蹦极、潜水，骑行川滇线，当过沙发客，还做过6年民宿房东，去巴基斯坦、伊朗冒险，体验了多彩人生。如今，作为养老规划师、幸福规划师和两栖生活团队长，她的愿望是：愿身边没有贫穷的老人，并服务10万个家庭做好幸福规划。

陈元捷

“当黑夜悄然来袭，阴霾笼罩了心灵，在黑暗中无助的灵魂彷徨于漫漫长夜之中……此时一盏微亮的烛光就好似明灯一般照亮了夜的寂静，抚慰着受伤的心，直到辰星在天边亮起。”陈元捷少年时代也曾迷失在这漫漫黑夜之中，作为一名中学心理教师的他，正在为一个又一个迷茫的孩子点亮希望的明灯，找到“心”的方向。他的教育格言是：愿做辰星，点亮黑夜；愿为红烛，温暖寒冬。

何丽（栗子）

“痛苦与迷失，原来是生命赠予的礼物。”年少时她总有一种淡淡的忧伤和深深的迷茫，“我是谁”“什么样的生活才是我想要的”这些问题一直困扰着她。结婚生二宝后，产后的她出现中度抑郁，开始学习心理学，接触正念。在不被家人支持的情况下，她仍坚持半夜偷偷学习。如今，栗子已有自己的线下身心灵疗愈空间——“正念喜舍”。

韩霞

“成为优秀的自己，是给予他人最好的礼物。”作为一名医者和智慧践行者，韩霞坚信，自我提升是掌握人生的关键。在经历人生的重重打击后，她踏上了一段西藏之旅。这次旅程让她下定决心，要以自己的经历和智慧，去帮助和启发他人，就像一盏灯点亮另一盏灯，最终照亮世界。

Lena（陈艳）

有一句话说“谁痛苦谁改变”。大学时陈艳一直像小公主一样被男友呵护着，研究生毕业后两人结婚她跟随先生来到县城。

婚后婆婆的掌控和指责让她感到窒息，她从隐忍到和婆婆争吵，先生从安慰到和婆婆一起指责她。为了寻求改变，她走向了向内探索之路，不断觉察，发现问题症结，不断成长。

何珊珊

她小时候曾被医生误诊开过病危通知书。她认为自己最适合做幼儿园老师，高考也报考了学前教育却未被录取。大学毕业后她做过很多不相干的工作，最终变得迷茫焦虑。后来她辞职开始学习心理学，并再次唤起儿时的梦想。如今何珊珊已从事幼教15年，并把心理学用于教学，成为孩子的“一束光”。

读他人的故事，品自己的人生。每个生命故事，都是一次对生命的梳理和看见。他们的人生并非一帆风顺，甚至有的遇到很多挑战，然而他们并没有被困难打倒，而是勇敢地不断突破自我、超越自我，坚定地追随梦想，追求属于自己的美好人生。

在他们身上我们也看到了生命温暖生命，生命影响生命。心理咨询师用他们的专业帮助困境中的来访者，家庭教育工作者为家长和孩子赋能，教师则影响更多学生好好学习追随梦想，正念老师不断践行和播撒正念的种子，影响更多人向内扎根，向阳生长。希望他们鲜活的生命故事能为迷茫的人点亮心灯，为焦虑的人带来希望，为烦恼的人带来方向，为忧郁的人带来力量。

不论你现在处于人生哪个阶段，都值得拥有自己的梦想。愿每一位读者都能从故事中汲取能量，找到属于自己的方向，实现梦想，活出丰盛喜悦的理想人生。

让我们一起，用梦想的翅膀，飞向那片属于自己的天空。因为，你的梦想，值得被世界看见。

CONTENTS 

心之所向　未来可期

葛瑶

素人女艺术家

瑶幸福 K12 正念教育轻创业孵化人

中考正念减压陪伴式提分项目创始人

在每个人的内心深处，都蕴藏着一个梦想的种子，它渴望阳光和雨露的滋养，期待破土而出，茁壮成长。梦想，是推动我们不断前行的力量，而成长，则是我们实现梦想的必经之路。在这条道路上，我们会遇到挑战，也会收获经验；我们会经历失败，也会迎来成功。每一次的跌倒和爬起，都是成长的印记，每一次的尝试和努力，都是梦想的积累。

01
梦想的复利

在生活的浩瀚海洋中，梦想如同一座熠熠生辉的灯塔，指引着前行的方向。**每个人都可以用好梦想的复利，用小梦想撬动大梦想，让梦想随着时间的积累和持续努力而产生积极效应。**回首我的旅程，从一个小梦想（联合作者）开始，脚踏实地行动着，成长为一本书的主编，最后可能实现更大的梦想（独立作者），这正是梦想复利的生动写照。

曾经，我怀揣着一个作家的梦想，那就是用文字表达自己的所思所想，为读者带来有价值的内容。然而，每天工作和生活的琐碎填充了我生命的全部，慢慢地我遗忘了我的出书梦。

2024年3月，这个埋藏在心底的梦想再次被唤醒！我果断参加了弘丹老师组织的《写下来的梦想更容易实现》的合集书创作，成为一名联合作者。就像做梦一样，我居然出书了！

同年4月，我受主办方中国生命关怀协会静观专委会邀请，出席了在北京举办的第四届静观应用发展研讨会。我分享的主题是"静观帮助中学生考试减压"，并介绍了我正在设计的青少年正念减压卡片的出版计划。在这样一个不经意的瞬间，我被好运轻轻砸中，如同被一只无形的手，温柔地推上了命运的旋转木马。参会的机械工业出版社陈兴军编辑听了我的分享后，非常认可我的专业内容，对我的卡牌也很感兴趣，邀请我合作出版。**我知道，这份好运不是偶然，它是我无数个日日夜夜精进专业的结果，是我对出书梦想的执着和大胆追求。**

同年6月，《写下来的梦想更容易实现》出版面世啦！朋友们纷纷向我投来了羡慕的目光和真诚的祝福！但我却发现，他们只会为别人的成长和改变点赞，却忘记自己也很优秀，为什么不给自己肯定？我就是一个很普通的人，我能出书，他们也可以呀！为什么不从一本合集书开始呢？

"我要帮助更多人实现出书的梦想！我要帮助他们圆梦！"于是，我在朋友圈发布了招募联合作者的信息，没想到每天都有朋友来咨询我怎么出书。大家的热情，让我更加坚定了带着更多人一起出书的想法。短短半个月，我就召集了33位追梦人，他们带着自己的梦想走进了《梦想照亮生活》。他们中有的人说:“以前都是写一些学术报告，这次我想为自己而写。”有的人说:“这次写自己的生命故事，能出一本书，是我送给自己最好的生日礼物。”还有的人说:“我想把我的生命故事传递出去，让别人少走弯路。”

如今，站在一个新的高度，我感慨万千，是那个小小的梦想，在不断地复利增长，最终成就了写作出书的大梦想。梦想的复利，不仅仅是努力的叠加，更是一种信念的坚持。它让我们在追逐梦想的道路上，不断超越自己，不断创造奇迹。

02 圆梦的秘诀

2024年1月1日，42岁的我作为零基础“小白”开始学习Cheer's Heart水彩画。我学了2个月，也画了2个月。同年3月，我有3幅画入选第七届素人女艺术家100公益画展。其中一幅《元宵灯会》还被喜欢它的有缘人收藏了。

伙伴们都很惊叹我是怎么做到的？为什么进步会那么快？我想说：除了天赋外，更重要的是我参加画展的决心和我一直在践行的圆梦秘诀。

大家都听过“冰山理论”吧？水面下的潜意识拥有强大的力量。实现梦想的关键，就在于把梦想写进潜意识里，潜意识则寄宿在肌肉上。而书写就会用到很多肌肉，所以梦想要写下来！因为动手写的效果，会比只用想的、说的还要好。就像练习仰卧起坐100天，即使你不想，也会长出肌肉一样；梦想只要写100天，就可以渗透到潜意识里。

这个圆梦秘诀来自《写下来奇迹就会发生》这本书，我在100天内每天把参加画展的梦想写3遍。在书写的过程中，我看到自己内心的情绪变化。一开始，我信心满满，有着“初生牛犊不怕虎”的勇气。直到2月份的时候，我手上还没有一幅像样的水彩作品，这时，我开始慌了，开始怀疑自己了。我能画好吗？我能参加画展吗？

但是，尽管内心开始动摇，但我还是每天书写梦想，我也想验证这个圆梦秘诀到底管用吗？我一边为创作不出好作品而纠结、痛苦，一边又坚持认真书写梦想。每次书写时，我都能看到自己的起心动念。我会问自己：如果没有参展成功，又会怎样呢？能表示你不够好吗？会觉得丢面子吗？真的决定就这样放弃了吗？为了实现你的梦想，你还能做些什么努力呢？瞧，你又在否认自己了，这些都是头脑小我的声音，它们并不是事实……

每当书写完，就仿佛为我的大脑做了一个清理SPA，我分辨出很多想法都是自己捏造出来的，都是自己在吓唬自己。我放下这些想法，让它们像一片片落叶随风而去……渐渐地，我重拾了信心。

2024年的元宵节，我迎来了转机，我画了这幅《元宵灯会》。画中有一个小女孩正在逛元宵灯会，她看到前方一盏盏灯笼若隐若现，就像我们的一个个梦想，有的清晰有的模糊。但没有关系，因为每个人前方的那盏灯一直都在，我们只要勇敢走下去就好。

通过书写，把我的画展梦想带进潜意识，潜意识往往发挥着意想不到的力量，加速梦想的实现。我的画展梦想被写出来后，不断帮我锚定目标，实现梦想的路径便看得更加清楚了。当我把所有的力量都聚焦在一件事上，这事就成了！画展梦想不仅实现了，我还成为一名素人女艺术家，无意间，这成为我的高光事件。

03 成长的阶梯

大学毕业后，我就一直在教育和心理学领域耕耘。2020年，我遇到了前所未有的养育挑战，面对如何陪伴与教育两个孩子的问题，我开始手足无措。我不知道我的时间该如何分配；我不知道兄弟俩吵架，我该怎么做；我更不知道什么才是公平，手心手背都是肉啊！

我自己是独生女，在原生家庭里，我就是老大，我就是父母的掌上明珠，没有人跟我争抢，我也不会把心思放在要去委屈自己还是讨好别人上，关系相处模式相对比较简单。因为没有手足情经历，我就很难同理俩孩子的感受。那时，我的内心涌动出不曾体验过的五味杂陈：焦虑不安、迷茫无助、恐惧担忧……之前学习的所有育儿知识和心理学已经无法让我得心应手了。我意识到——我需要更多的成长。

就在我情绪非常低落的时候，正念就像一束光照进了我的生活，我学习的第一门课程就是楼挺老师和曹小红老师讲授的正念养育。正念养育召唤我们怀着新的觉知和意图面对养育中的可能性、收获与挑战。我仿佛抓住了一根救命稻草，看到了希望。

时隔多年，我已忘却课上讲了什么，但是唯有一句话一直影响着我。每逢我向学员介绍什么是正念，我都会用奥地利著名心理学家维克多·弗兰克尔说的“在刺激和反应之间有一个空间”作为开始。

我惊喜地发现自己找到了这个“空间”，于是我有能力通过自我意识和自我控制，在面对生活中的压力和挑战时，不是立即做出反应，而是能够在内心深处进行反思和选择，从而更好地应对外界的刺激。这种能力不仅能够帮助人们更好地管理情绪和行为，还能够促进个人的成长和发展。

这个“空间”是我之前未曾发现的“秘密”。我开始合理安排陪伴时间，单独陪伴时兄弟俩互不干扰；一起陪伴时，我们三人玩耍其乐融融；看见兄弟俩争吵，我先停一停，站在第三视角观察一下，不把自己的情绪卷入其中时，争吵的风波很快就平息了……

正念对我那么有帮助，我想将其传播与分享，让更多家庭受益。我不断精进专业，先后在今心空间和5P医学App平台学习，结合我的工作经验，设计了瑶幸福K12正念教育体系的课程：针对幼儿阶段的《亲子正念幸福大脑开发课》，培养孩子的专注力、情绪力、觉察力和关爱力；针对小学生的《儿童内驱力思维训练营》，培养有梦想的正念小孩，让他们具备积极的成长型思维、饱满的学习动力、稳定的情绪内核，适应社会的多变、乐观自信又豁达开朗，这套课程也是美国MindUP（心升）在国内本土化迭代的呈现；针对初中生的《中考正念减压陪伴式提分计划》，以MindUP课程为核心，结合科学的正念减压和正念认知等技术为考生量身定制陪跑赋能方案，助力他们在考场上正常发挥或超常发挥。

2024年开始，我培养了22名热爱正念又热爱教育的MindUP师资，并与团队共同创办了"大脑小休"儿童青少年团体练习真人直播带练平台，填补了市场空白。我们相互学习、资源共享、共同进步。**希望有更多志同道合的伙伴加入瑶幸福K12正念教育轻创业计划，让更多孩子因为正念收获喜悦与智慧。**

成长，不仅仅是年龄的增长，更是智慧的积累和心灵的成熟。它让我们学会如何在风雨中坚守梦想，如何在困难面前保持坚韧。而梦想，就像远方的灯塔，照亮我们前行的方向，激励我们不断超越自我，追求卓越。在梦想与成长的交织中，我们逐渐成为更好的自己，实现更加精彩的人生。

让我们一起，用梦想点燃希望，用成长书写未来。现在，我最常说的一句话是：“做就对了，谁知道会有什么好事发生呢？”我相信，只要我们坚持不懈地追求梦想，梦想的复利将会带给我们更多的惊喜和成就。

从月薪800到实现企业家梦想，我做对了什么？

李紫骐

世佳名媛国际教育机构创始人

财富培训师，研发王牌课程“人生大赢家”

“华人礼仪皇后”，被泰国政府授予勋章一枚

一个人如何快速实现梦想，轻松赚钱，幸福生活？这是我很小的时候就在思考的问题，那时我就想长大能够自己创业，成为一名企业家。如今我真的实现了梦想，成为自己命运的掌舵人。我相信每个人都可以活出自己想要的人生，希望我的经历也会对你有所启发。

01
儿时的梦想，带我走向远方

我出生于湖南湘潭，家庭非常普通，爸爸是一名电厂的小领导，他对我说得最多的一句话就是："你要好好读书，将来到电厂上班，这辈子你就衣食无忧了。"我在电厂子弟学校读高中时，同学的目标都是考上大学，然后回到电厂上班，过上安稳的生活。**可我从小就喜欢独立思考，很少有人能影响我的决定，因为在我小小的身体里，有个大大的梦想。**

大学毕业那年，我面临人生的重大选择——是回电厂工作，过安逸的生活，还是出去闯一闯开启我的创业？那时候我算过一笔账，如果每个月赚5 000元，一年6万元就是我工资的天花板。假设我可以工作40年，一共可以赚240万。在不吃不喝的情况下，这笔钱在当地也仅够买一套房子和一辆普通的小轿车。

每一次爸爸对我说："上班去！"我都坚定地回绝："我不想回电厂上班，我要成为一名企业家！"

豪言壮语说出口，我才发现这是一条多么艰难的路。选择做什么呢？怎么赚钱呢？到底该怎么走呢？这对于刚刚大学毕业的我来说，我感到非常迷茫……

在我不知所措时，我坚持学习舞蹈。有一天，舞蹈老师推荐我去埃及深造，当时我想：我可以吗？但是她的话点燃了我的第一个梦想，我渴望成为在中国排名前10的东方舞老师，证明中国的舞者也可以走向国外教授和演出。

就这样，我付了高额的学费，去埃及学了正宗的东方舞，不仅如此，经过刻苦训练，我在各种大赛中拿了冠军，还开设全国集训班，在全国各地举办国际肚皮舞节；在韩国教授舞蹈和表演，还获得了名誉和财富。少年得志的我并不开心，总有一种无力感，为什么呢？

因为我发现我能教她们变美，变得有气质，但无法引领她们产生更多内心深处的改变。我深知一个人要内外兼修，才可以获得幸福和成功。当内心没有力量的时候，是不会幸福的，更不可能成功！

于是，我就开始寻找这种力量的源头……

2018年9月23日，我去上Miss Dally老师的礼仪课程，那一年老师90岁，她的举手投足，一举一动，一颦一笑，都诠释了什么是真正的优雅和爱，让我找到了自己想要成为的榜样。

经过一段时间的思考，我终于下定决心放弃经营了6年的舞蹈事业，开始第二次创业转型，成为礼仪平台的创始人，研发了“遇见优雅的自己”这门课程。通过跟各个国际老师和顶级团队合作，我积累了很多运营的实战经验，运用自己研发的商业模板——财富飞轮，让我的礼仪课程在短短的一年时间遍布全国，在长沙、深圳、北京、广州、上海、三亚等地生根发芽。

没想到我的名气还火到了国外，2019年4月17日我受邀前往泰国教授礼仪，成为泰国巴莫·优雅公主殿下的礼仪老师，以及泰国礼仪顾问，并被授予一枚“华人礼仪皇后”的勋章（跟泰国前总理英拉同款勋章）。

那时跟我学习礼仪的学生多达上万人，我也终于实现了企业家的梦想，实现了财富自由。然而当我的礼仪事业风生水起时，由于外界影响，我所有的线下课程被迫停滞，我失业了……

面临失业，我开始反思和复盘，也开始疑惑，为什么同样的境遇，有些人转型成功，而我却被困住了手和脚，无能为力地失业了？为什么同样的行业，有些品牌通过转型线上越做越好，有些品牌后知后觉，错过了最好时机反而倒闭了？

我一次次问自己：为什么？我知道，疑问背后就是成功的入口。我相信成功人士有一些成功的规律，我想找到它，让自己的努力有价值，同时也可以把我教学的课程体系升级。

我深知，创业有很多不确定性。于是我继续找寻那把成功背后的钥匙……

02 找到源头，让我的梦想开始放大

就在我对未来感到迷茫的时候，我听说一位国外的老师通过运用古老的经典智慧，将只有3个人的公司，经营到年销售额2.5亿美元的规模，他的公司还被巴菲特收购。于是我在2019年12月去天津开始跟随这位麦克格西老师学习经典智慧。6年时间，我完成了10次教培和其他课程。我在2 500年的经典智慧中不断探索、研发。

为了帮助更多学生，我同时开发系统的财富体系课程，前后跟随几位国内外老师学习经典智慧和商业知识。通过将经典智慧运用到事业中，我和合作伙伴一起创建了桓球荟健身房。身边很多朋友看到我的事业越做越大，都来跟我

取经。

就这样，我每天从早到晚在不同地方向提升赚钱能力的朋友传授经验。尽管这样，还是因为地域问题，无法亲自指导他们。

后来我就在直播间讲课，这样我能帮助的人一下子就变多了，我感到特别开心。随着每天的直播，有些小伙伴来信说："紫骐老师，你可不可以设计一个课程，因为我听不懂别人讲商业和经典智慧。我认为你讲得有底层逻辑和框架，很多很深奥的智慧通过你的讲解，我都能够理解，我想跟你进行系统地学习。"

就这样，在学员的催促下，我创办了世佳名媛国际教育机构，把经典融入商业，研发了一门王牌课程"人生大赢家"，以独特的平民气息吸引了许多国内外学生。一堂线上课塞满几百人是常有的事，线下课也经常抢不到名额。很多上过课的学生表示，这堂课大大改变了他们的人生，使他们开始积累财富，获得快乐与成功。

在设计课程的时候，我就告诉自己：紫骐，你一定要把自己从月薪800到年入千万的成功原理、践行路径和系统方法浓缩在课程里，让所有人只要听完你的课，按照"金钱地图"就可以受益良多。**课程简单、有趣、易学，只要掌握系统的方法，每个人都可以复制成功并且过上理想中的生活。**

03 发愿助力41万人成功

短短三年我就年入千万，再次实现了财务自由，也拥有了150多位合作伙伴，与我一起共创这份用经典智慧赋能商业的事业。

我的合作伙伴有宝妈、白领、创始人、企业高管、企业家等，他们运用这套方法，都得到了想要的结果。**越来越多的学员向我报喜，看到他们每个人都得到正向反馈，我感到特别开心，甚至比我自己获得成功还开心，因为这是我最想看到的结果。**

我有一位学员丁总，她是某品牌创始人。曾经别人都认为她很幸福，只有她清楚自己有钱却不开心。学习课程之后，半年时间她不仅变得更加富有，更是得到了老公的认可。

还有位学员馨容，曾任央企主管，来学习之前她的夫妻关系、亲子关系以及工作一地鸡毛。通过我的指导，她逐步厘清了问题的解决思路，而且在她的助力下她先生的工作业绩也翻了一倍。她现在过上了有钱、有闲、有爱的生活。

我想用经典智慧来赋能商业去帮助更多人，为此我建立了一个商业闭环。2024年8月，我们开始带着学员开启了轻创业之路，帮助他们实现金钱拆解师的梦想，我指导他们一起教授课程，让他们接个案，获得一定的咨询费。

我的梦想在不断放大，我希望每一个跟我有缘的人，都可以学会和复制这套财富系统，做自己生命的掌舵人。我希望在有生之年能够助力41万人持续成功！

借着梦想之光，我实现了一个又一个愿望

刘栩旗

情绪疗愈师（高级）

“梦想清单”认证讲师

国家二级心理咨询师

梦想是心灵的灯塔，照亮我们前行的道路，即使在迷雾中，也能指引我们穿越每一个未知的角落。

记得小时候在书上读到“灯红酒绿”时，我很好奇那是一种怎样的场景呢？如今，我在这个被称为“魔都”的城市——上海已生活18年。回看过往，我正是借着梦想之光，不断寻找属于自己的星辰大海，实现了一个又一个愿望。

01 村里第一个走出来的女孩

我生长在被誉为“曹州牡丹甲天下”的山东菏泽，父母是地地道道的农民，家里有两个哥哥。我们家并不富裕，但父母全力支持我们兄妹三人读书，也让我们从小就干一些力所能及的活。

我小时候是一个听话懂事的乖乖女，身边不少人这么夸我，我甚至还一度引以为豪。记得村里有个女孩比我小一岁，她只要说是去找我玩，她的父亲就会答应，知道她跟我在一起不会学坏。那时我的学习成绩也很好，不过到了初中只是中上游，中考填志愿在班主任并不支持我报考重点高中的情况下，我坚持自己的选择并如愿考入县城第一中学。

然而，进入高中面对全县的优秀生，我很快就感到学习跟不上，一进学校大门就感到心口像压了块石头，特别压抑。高一时有次回家，我向母亲倾诉了我的学习现状。

母亲听了说："哦，这样啊，那是怎么搞的呀？是不是营养没跟上？听说鸡蛋有营养，多吃点鸡蛋！"母亲经常跟别人说："我家的孩子从来不说学习累，回来还可以帮我干活。"那一刻我感受到母亲希望我能够坚持读书，她的话给了我很大安慰，也给了我力量。

还有一次也是高一，我周五下午回家，看到父母不在家，就去田里找他们。母亲看到我有些纳闷，问我今天怎么回来啦，我失落地说："学校竞赛考试，每个班抽40个人但没有我。"全班60人左右，那次我考了48名。母亲听了说："哦，这样啊！"父亲正在翻土，停了两秒钟说："没关系，后来者居上！"接着我们就继续干活，谁也没再提学习的事。

父母对我一直很信任，他们相信我已经尽力了，在他们身上我体会到"相信的力量"。母亲说过："只要你们愿意读书，砸锅卖铁卖房子也会供，不想读就回来干活。"然后她还会加上一句："真考不上大学也没关系，人家那么多人没考上大学也都没饿死，还能饿死咱。"正是这份相信的力量和无条件的接纳，让我屡败屡战终于考上大学，成为村里第一个走出来的女孩，我们家也成为村里三个孩子都考上大学的第一个家庭。

家，是温暖的港湾，无论我们走到哪里，它永远是我们最坚强的后盾。

感恩我有一个温暖的大家庭，有无条件地爱我、支持我和信任我的父母，还有两个一直关心我、支持我并供我读大学的哥哥。

02
走进心理学，走上学习成长的“不归路”

曾经被夸奖“听话懂事”，长大后却成了我的束缚。小时候听家人的话，长大后听老师的话，工作了听领导的话，可“我”在哪里呢？

我总是小心翼翼，担心别人说自己不好，如果身边有人特别是亲近的人不开心，我首先想到的是自己是不是哪里没做好。在朋友眼里我是个乐天派，不少朋友喜欢向我倾诉，可我却只会把不开心写在日记里，平时不会表达需要，也不会拒绝别人，就是别人说的“老好人”。有个朋友曾说，我是那种放在角落里被忽略都无所谓的人，我当时听了心里很不是滋味，心想：天呐，我怎么会给人这种印象呢？

每个人都渴望被看见，每个生命都需要倾诉和被聆听。

记得大学时我有次上网偶然看到心理咨询师，心想竟然还有这样的职业，如果以后我也能去学就好了，于是那时我便种下了一个心理咨询师梦想的种子。

2006年，工作3年的我来到上海，刚好看到华师大心理咨询师招生信息，我几乎拿出所有积蓄报了名，开始一边工作一边学习。最初，我只是掌握了一些理论，真正开始成长是我后来参加各种心理讲座、读书会、沙龙和工作坊，在生命与生命的碰撞中，我开始一点点打开自己向内探索。

记得有次沙龙中，带领老师让大家说自己经常抱怨的事情什么，我第一反应是抱怨没有人真正理解我，然而轮到我时说的却是:“我抱怨自己从来不抱怨。”天哪！说出这句话，我感到心里隐隐地痛，我怎么是这样一个人？是啊！我从来不表达自己，谁会真正理解我呀？从那时起，我开始试着向身边的朋友诉说我的烦恼，我发现朋友并没有因此而远离，反而因为真实而更靠近。

就这样，学习心理学成为我生活的一部分，我有空就想钻研。随着不断学习成长，我感到内在越来越有力量，学会了表达和拒绝，也越来越能体会到由内而外的喜悦和快乐。

03
写下来的梦想，更容易实现

其实，把梦想写下来，我已经践行了16年了。

2008年读了朗达·拜恩的《秘密》，我第一次把梦想写下来。那时我刚结婚，我和丈夫租住在一个一室户的小房子里。我半信半疑地写下了买房的梦想，没想到一年后搬进了新家，这让我开始相信写下来梦想的力量。

之后我用一个小本子专门写梦想，2010年元旦我写下“第一个五年计划”的梦想。第一条就是宝贝计划：2010年6~7月怀孕，2011年3~4月生孩子，我觉得春天是生孩子比较好的季节。果然我们第一个孩子是在2011年3月9日出生的，对我来说这又是一大惊喜，我也更加相信了写下来的梦想更容易实现。

回望过去16年，我的很多愿望都变成了现实，写得最多的就是读书会、沙龙和工作坊，有些当时虽没有实现，而现在这些都成了我的主要工作内容，我也一步步把兴趣变成了事业。真是“念念不忘，必有回响”！

记得在一次青少年心理健康指导师培训中，老师问及使命，我内心突然有个声音：影响一千万青少年找到使命，活出自我。我还想要不要去掉一个零，可又不甘心，心想这是我做一辈子的事呢，万一实现了呢？

我深知，要想孩子有梦想，家长必须保持良好的状态，并与孩子进行有效的沟通。2015年，我跟成荣信老师系统学习了P.E.T.[①]父母效能训练导师课程，这是一门基于人本心理学的亲子沟通课程。后来我一直走在学习实践的路上，也开设家长课带领家长们一起践行。

2020年我跟弘丹老师学习写作，养成了书写的习惯，书写让我更加清晰地认识到自己的方向。我也带领家长们体验书写的魔力，通过感恩日记、情绪日记等形式，帮助他们更好地理解自己和孩子。我在简书上的写作已累计50万字，感恩日记也持续了1 000多天。

后来我又跟随赵冰老师学习讲书，结合《如何说孩子才会听，怎么听孩子才肯说》书中精华，以及多年来的P.E.T.实践心得，我独创的听故事学育儿亲子沟通系列音频在喜马拉雅平台点播量近100万次，而这本书的源头就是P.E.T.父母效能训练理念。

2022年，我参加了婉萍老师的“梦想清单”讲师班培训，我感到“梦想清单”就是《秘密》的实践版，我想把这美好的方法分享给更多家长和孩子。如今，我已组织了20场“梦想清单”课程培训活动，见证了许多伙伴开启梦想人生模式。有位

---

① P.E.T.全称为Parent Effectiveness Training，即父母效能训练，是美国著名心理学家托马斯·戈登博士（Dr. Thomas Gordon）于1962年创建的一套简单实用的针对父母的训练课程。

妈妈和孩子一起参加了活动，后来她不仅养成了阅读习惯，还影响孩子开始坚持阅读和讲故事。

一直坚持冥想并很受益的我，还和葛瑶老师一起学习了MindUP师资课程，并影响了我的两个儿子开始练习正念。我也将正念融入生活，并指导家长们深度践行P.E.T.父母效能训练和正念养育。

2024年我认识了如花大叔，与情绪伙伴卡结缘，已组织近100场线上线下情绪咖啡馆沙龙，为都市女性提供一个温暖的生命陪伴空间。她们通过情绪表达与倾听成长故事，彼此陪伴，相互照见，也通过情绪看见自己，更喜欢自己爱自己。

我曾走进一所高中，带领高一的学生参与情绪工作坊，他们很喜欢。后来我还和朋友一起给20位初中班主任和心理老师开展情绪沙龙活动，为老师们减压赋能。

这些年来，我一直走在育儿育己的路上，把各种所学积极实践，并分享给身边需要的家长。看到她们的成长与变化，我感到非常开心！

愿更多家长成为有效沟通的智慧父母，培养有梦想的幸福小孩，和孩子一起向阳生长，创造美好未来。

一路逐梦　勇敢前行

阳光宁静

美国 MindUP（心升）青少年心理健康课程师资

小学英语兼心理老师，有多篇英语和心理论文发表在国家级核心期刊等[①]

诸暨市总工会向阳花正念成长夏令营、冬令营带教老师

---

①《在同课异构中反思课堂活动设计的有效性》《教师课堂话语与学生思维能力的发展》《利用教材插图培养学生思维能力》《对小学低年级教材进行文本再构的实践与思考》等论文发表在小学英语核心期刊《中小学外语教学》上；《提升专注　培育品质——正念练习在小学课堂教学中的实践与研究》等心理论文发表在国家级心理期刊《中小学心理健康教育》上。

梦想，就像一座永不熄灭的灯塔，照亮了我前行的道路。生活虽然给了我无数的困难与挑战，但我从未放弃过追逐内心的梦想。感谢梦想，让我在失败时不气馁，让我在成功时不骄傲。我的一路成长，是梦想在推动着我不断前行。

01 梦想的起点

童年时的梦想，如同深埋在心田的种子，随着时间的流逝，终将开出灿烂的花朵。我自幼成绩优异，初中时以全校第一名的成绩考入了当地的重点中学。高中时期对英语的热爱让我在语言的海洋中自由遨游，英语成为我的强项。

高考时，我怀揣着成为英语教育者的梦想，将英语教育专业作为第一志愿。然而，命运似乎爱开玩笑，我在志愿填报时选择了“服从调剂”，竟意外地被电气化工程专业录取。这个专业对我来说宛如一场噩梦，因为其中大部分课程都涉及物理知识，而物理恰恰是我最不擅长的学科，如今却成了我必须面对的难题。得知录取结果时，我几乎哭了三天三夜，感到无比无助和失望。

在那段黑暗的日子里，我甚至想过放弃读大学。但是，父母和亲友的鼓励如同温暖的阳光，驱散了我心中的阴霾。他们告诉我，大学生活是人生的一个新起点，未来有无限可能。于是，我选择勇敢前行。

02
梦想的力量

逆境中，梦想如同破茧成蝶的力量，引领我们穿越困境，展翅高飞。虽然所学专业并非我的初衷，但我并未气馁。报到那天，我发现自己在班级中的成绩排名第二，这一发现给了我信心。我相信，只要努力，我定能有所成就。

大学不仅是学习专业知识的地方，更是实现梦想的舞台。从踏入校园的那一刻起，我就立下了明确的目标：在英语领域做出点成绩。为了实现这一梦想，我积极行动，主动与英语教育专业的老师沟通，希望能有机会旁听他们的课程。幸运的是，我的诚意打动了老师，他们同意了我的请求。

每当有空闲，我便抓住机会，跟随英语教育专业的同学们一起学习。沉浸在英语的世界里，我感到无比充实与快乐。大学的第一个学期，我报名参加了大学英语四级考试，并以优异的成绩顺利通过。这一成绩当时在工程技术学院引起了轰动，我也因此获得了系主任的表扬和奖励。

尽管我在英语上取得了显著成绩，但转专业的希望却十分渺茫。我不断向学校教导处提出申请，甚至写信给校长，希望能够转至英语专业。然而，我得到的答复总是令人失望：目前没有转专业的政策，除非大学毕业后再报考英语本科专业。面对这样的现实，我并未放弃。我的梦想之火从未熄灭，我相信，只要坚持不懈，总有一天能够实现自己的梦想。

03
为梦想果断选择

选择梦想，就是选择走上一条不平凡的道路。大学毕业之际，我的同学们纷纷踏入电力局或变电所的大门，然而我的内心却指引我走向另一条路。我深知，若非出于热爱，工作便无法带来真正的快乐，更会降低生活的品质。因此，我坚定地选择了继续追逐我的英语梦想。由于我原来读的是专科，一毕业，我便立即报考了浙江教育学院的专升本课程，如愿以偿地攻读英语教育专业。

在英语本科的学习过程中，我体验到了前所未有的快乐。每一堂课，每一次讨论，都让我感到心潮澎湃，仿佛置身于知识的海洋，尽情遨游。这段时光，无疑是我人生中最宝贵的记忆之一。

本科毕业后，我投身于竞争激烈的教师考编选拔，那是一场犹如在千军万马中奋力前行的战斗。面对重重挑战，我凭借着不懈的努力，实现了自己的梦想，成了一名英语教师。回首这一路的坎坷与奋斗，我从未被困难所吓倒，始终保持着勇往直前的姿态。当我终于站在讲台上，听到学生们的琅琅书声，那一刻，我仿佛听到了梦想之花绽放的声音，那是内心深处最美妙的旋律。

当我初出茅庐，踏上教师之路时，命运将我带到了一座偏远的小山村。那里的教师们以他们的纯朴和热情迎接了我，学生们虽然不多，但每一个都充满了对知识的渴望。我肩负起了一个人教授四个年级段英语的重任，这既是挑战也是机遇。

这里的生活虽然简朴，却让我拥有了充裕的时间来深入备课和研究教学方法。我沉浸在教育的海洋中，从名师的课堂实录中汲取灵感，将所有的精力和热情都投入教学之中。我珍惜每一次与学生的互动，与他们建立起深厚的师生情谊。

尽管我们身处偏远的山村，但学生们对英语的热爱和学习的热情丝毫不减。他们的成绩证明了这一点——在每年全镇的期末统考中，我所带领的班级总能脱颖而出，名列前茅。

在乡村的六年时间里，虽然生活俭朴，但这段经历为我打下了坚实的英语教学基础，并且锻炼了我坚韧不拔、自律向上的品质。我满怀感激地回顾这段旅程，它不仅是我职业生涯的起点，更是我人生中宝贵的财富。从这里，我带着满满的收获和对未来的憧憬，准备展翅高飞。

04
梦想再次起飞

机遇总是偏爱那些时刻准备着的人。2010年，我有幸获得了一次宝贵的机会——农村教师进城考试的名额。我深知这个机会的珍贵，因此我倍加珍惜，投入了前所未有的努力。

在那段时间里，我把大量时间都投入备考之中。我认真地阅读书籍，从网上购买了大量资料自学。我不断地做题，反复练习，以确保每一个知识点都能熟练掌握。每当遇到难题或疑惑，我都会毫不犹豫地向经验丰富的教师们请教，汲取他们的智慧和经验。

经过持续的努力，我终于在这次农村教师进城考试中脱颖而出，以全市第一名的优异成绩，实现了我梦寐以求的目标，我有资格在城里教书啦！这不仅是对我努力的肯定，更是对我能力的证明。我深知，这只是一个开始，我将继续以这份努力和执着，书写我教育事业的新篇章。

正是这份对教育事业的热爱和不懈追求，我没有停下学习的脚步，最终让我梦想成真。在工作之余，我又开始投入心理学的学习。这门学科不仅让我对教育有了更深刻的理解，也为我的教学方法带来了创新。

05 梦想的实践

2016年，我考取了国家二级心理咨询师证书。此后，我在完成日常教学任务之余，几乎把大部分的精力都放到了心理学的学习上。我先后参与了认知行为疗法、焦点解决短期治疗、沙盘游戏治疗以及正念认知疗法的课程培训。通过这些学习，我将心理学的精髓融入我的课堂教学之中，这不仅丰富了我的教学方法，也极大地促进了学生们在心理层面的成长。

特别是我将儿童正念理念融入课堂教学，将其划分为课前、课中和课后三个阶段，每个阶段都精心设计，以满足学生的心理需求和适应课堂环境。我采用了多种适合儿童的训练方法，如正念坐姿训练、“像青蛙一样静坐”“聪明的老猫头鹰”“分心的小狗”以及“五指山呼吸”等练习，这些方法都旨在培养学生的自我觉察能力。当他们分心时，能够主动调整并重新集中注意力，从而激发他们内在的动力和学习自主性。

经过六年的持续实践和研究，正念课堂在提升学生注意力和提高学业成绩方面显示出了显著的效果。研究结果表明，学生们的听课专注度有了显著提升，课堂纪律得到改善，作业准确率也有所提高，整个班级的学习氛围变得更加浓厚。特别是在期末考试中，学生们的成绩有了明显的提高。我所带的三个班级的学习成绩从年段中下水平跃升到了年段前列，其中一个班级更是有18名同学取得满分的优异成绩。

一位学生在期末的正念感悟中写道："因为正念课堂的实践，我的英语成绩突飞猛进，我对英语学习的兴趣也越来越浓厚。"另一位学生感慨地说："老师充满趣味性的英语课堂常常让我们开怀大笑，但很快我们就能安静下来。因为我们牢记老师所说的'不评判'的正念态度。有时我们上课会分心，但总能及时调整自己，回到课堂。这一切都要归功于老师带给我们的正念教育，它确实是一种正确的教育方式。"

正念课堂不仅让学生学得更高效，也使教师的教学变得更加轻松愉快。通过正念教育，师生共同创造了一个更加和谐、专注和富有成效的学习环境。

回顾自己的成长历程，我感慨万千。梦想的力量是巨大的，它让我从一个对英语充满热爱的高中生，成长为一名专业的英语教师和心理咨询师；它让我在面对困难和挑战时，始终保持坚韧和勇气；它让我在实现个人梦想的同时，也帮助学生实现他们的梦想。

梦想的实现并不是一蹴而就的，它需要时间、耐心和不懈的努力。在这个过程中，我学会了坚持、学会了勇敢、学会了不断学习和成长。我相信，只要我们不放弃，梦想终将照进现实。正如那句名言所说："梦想不会发光，发光的是追梦的你。"让我们一起追逐梦想，勇敢前行！

以梦想之辉，点亮生命之路

武金燕

神经内科副主任医师

精神病学讲师、心理治疗师

美国 MindUP（心升）青少年心理健康课程认证教师

生活，如同一场漫长的旅程，时而阳光明媚，时而风雨交加。而梦想，便是那照亮生活的一束光，引领我们在黑暗中前行。梦想让我们的生活有了方向。当我们怀揣着梦想时，就如同在茫茫大海中找到了灯塔。它指引着我们前进的道路，让我们知道自己要去往何方。无论是成为一名优秀的艺术家、科学家，还是致力于帮助他人的医生，梦想都赋予了我们生活的目标和意义。

01
小梦想 大守护

我出生在一个普通的工人家庭，父母的文化知识虽不高，但他们深知教育的重要性。在我成长的岁月里，父亲没有给我讲过太多高深的大道理，“好好学习，将来考上咱们一中，找工作都比别人容易，高中毕业比初中毕业好找工作，重点高中比普通高中好找工作。”这句话却如同种子般深深扎根在我心间。

小时候，我懵懵懂懂，尚不明白学习的真正意义，也不清楚工作对于人生的重要性。但父亲这句简单的话语，却像一盏明灯，在我贪玩懒惰时，在我迷茫困惑时，提醒着我要努力前行。

每当我坐在书桌前，想要放弃枯燥的作业去玩耍时，父亲的话就会在耳边响起。它让我重新握紧手中的笔，专注于书本上的知识学习。每当考试成绩不理想，我感到失落沮丧时，父亲的话又成为我重新振作的动力，激励我更加努力地去弥补不足。

在父亲的激励下，我如愿考上了重点高中。经过刻苦学习，我高考成绩优异，对于大学有了更多选择的机会，父母不希望我远行，他们希望我留在天津。于是，我根据自己的成绩和家庭的期望，选择了天津医科大学，攻读临床医学。

多年以后，在一个宁静的午后，我无意间翻开陈旧的笔记本，泛黄的纸页上，一行略显稚嫩的文字映入眼帘——“我要好好学习，将来当医生，帮舅爷减轻疾病的痛苦。”那一刻，往昔的记忆如潮水般涌来。写下这句话的时候，我还是一个青涩懵懂的少年，对未来充满了向往，怀着一颗坚定的决心。归来时，我已成为一名医生。

初入岗位时，紧张与压力如影随形，但那份从小就怀揣的坚定梦想让我勇敢面对。我深知每一个患者背后都有一个家庭的期待与牵挂，每一次诊断、每一次为患者治疗，我都全力以赴，不敢有丝毫懈怠。在病房里，我见过太多的生死离别，也见证过无数生命的奇迹。每一次成功治愈患者，每一个感激的眼神，都让我深感自己所从事的工作的伟大与神圣。

小梦想，大守护，我的梦想就像一盏灯，照亮我前进的方向。

02
有梦想就要大声说

从选择踏上医学之路的那一刻起，我心中便燃起了一团炽热的火焰，那是对拯救生命、减轻患者病痛的执着与热爱。医生，这个神圣的职业，成为我生命中最坚定的追求。

然而，现实中医生的工作并非如当初想象的那般理想化。高强度的工作，同一座无形的大山，压得人喘不过气来。每天的日程被排得满满当当，看诊、病房巡查，似乎没有一刻停歇。无休止地加班，让黑夜与白昼的界限变得模糊不清。

我的生活似乎被工作完全占据，个人的时间被压缩到极致，与家人相聚的时刻变少，朋友间的聚会也常常缺席。情绪的波动在所难免，有时是焦虑，担忧自己无法给予患者最完美的治疗；有时是沮丧，面对复杂的病情感到无力，我开始怀疑自己的能力，感觉自己失去了前进的动力，甚至质疑自己的存在价值。

在这段低谷时期，一位网友告诉我可以通过学习心理学的方法来自我帮助，同时也能帮助他人。这让我想起了小时候的梦想——成为一名心理医生。我小时候看电视剧，感觉心理医生可以洞察别人的内心，很了不起。

然而，随着时间的推移，这个梦想似乎被搁置了。直到网友的一番话，让我重新点燃了内心的火焰。我开始在网上寻找学习心理学的途径，并最终找到了一个培训机构。在那里，我遇到了很多志同道合的青年，他们利用业余时间学习，不断充实自己。这让我感到自己找到了存在的价值和前进的动力。

梦想具有一种强大而神秘的吸引力，它如同夜空中最璀璨的星辰，在黑暗中闪烁着迷人的光芒，引领着我们不断前行。一次偶然的机会，我在街上遇到了一位英语培训机构的老师，被邀请参加一个英语培训活动。在那里，我看到了年轻的、年长的人们充满激情地相互交流和学习，这让我意识到人生还有很多事情等着我去做，还有很多机遇和挑战在前方。

有梦想就要大声说。在英语培训机构学习的过程中，我与课程老师分享了自己想成为心理咨询师的梦想。老师了解了我的梦想，并将我介绍给了一位同样在学习英语的心理咨询师。通过交流，我了解到心理咨询机构正在招实习生，我有幸加入并开启了人生新的阶段。在心理咨询机构实习期间，我获得了更多的资源和经验，我在心理咨询这条路上走得更远，实现了儿时的梦想。

在与单位领导的交流中，领导了解到我对心理学的兴趣和爱好，正逢单位有去精神科进修的机会，因为有了心理学的背景，我得到了这次宝贵的机会。在大医院精神科深造期间，我学到了很多知识，接触了很多优秀的人，眼界也变得更加开阔。

通过对心理学的学习和探索，我更加了解自己的情绪和思维模式，学会了如何积极应对挫折和困境。当我回首这段经历时，我发现它其实是我人生中的一次重要转折。

说出口的梦想，是对未来的承诺，也是通向现实的邀请函。敢于把梦想说出来，成功的曙光便已悄然洒向你。

03 用梦想点亮生活，照亮自己，也照亮他人

泰戈尔有一句话："把自己活成一道光，因为你不知道谁会借着你的光走出黑暗。"在我的人生轨迹中，正在践行着这句话。通过学习心理学，我的人生在不断成长，同时也在潜移默化地影响着身边的人。我不仅学会了自我成长的方法，还发现了自己能够帮助他人的力量。虽然我没有丰富的咨询经验，但我愿意尝试，用自己的所学为他人提供免费的心理咨询服务。每一次咨询结束后，我都能收到积极的反馈，来访者表示与我交谈后明显感到轻松，期待下一次的交流。

起初，我并没有意识到自己拥有如此巨大的能量。每次为

他人提供咨询，我总是小心翼翼，不确定自己是否真正帮到了对方。但随着时间的推移，我开始意识到，自己的本职工作虽不是心理咨询，但我在业余时间的付出，正在不断地积累经验，帮助他人的同时，也在帮助自己成长。

在临床工作的日日夜夜里，我见证了太多的痛苦与挣扎。疾病不仅侵蚀着患者的身体，也常常在他们的心灵投下沉重的阴影，带来焦虑和抑郁的阴霾。然而，自从我将所学的心理学知识运用到工作中，一切开始发生了改变。面对那些被情绪困扰的患者，我不再仅仅关注他们的生理症状，而是更加注重他们内心的感受。我会耐心倾听他们的倾诉，用温和的语言引导他们表达内心深处的恐惧、不安和忧虑。对于焦虑的患者，我会运用放松训练和认知重构的方法，帮助他们打破消极的思维模式，重新审视周围的世界，让紧绷的神经逐渐松弛下来。面对抑郁的患者，我给予他们更多的关怀和支持，鼓励他们积极参与治疗，重新发现生活中的美好和希望。

曾经，我以为临床工作只是冰冷的器械和数据，但现在我明白，真正的治愈是身心的共同康复。心理学知识就像一把神奇的钥匙，打开了患者的心门，也让我在工作中找到了更深层次的意义和价值。我将继续在这条道路上前行，用心理学的光芒，温暖更多患者的心灵，让他们在与病魔的斗争中不再孤独和无助。因为，每一个从痛苦中解脱的灵魂，都是对我工作最大的肯定和回报。

用梦想点亮生活，我们需要始终保持梦想，并不断将梦想说出来，这样我们离实现梦想就会越来越近。

梦想之旅：从初心到远方

王兴宁

初中化学教师

高级家庭教育指导师

美国 MindUP（心升）青少年心理健康课程认证教师

人生恰似一场充满未知的长途跋涉，其间布满了无尽的抉择与重重挑战。在这段非凡的旅程中，梦想仿若一盏永不熄灭的明灯，熠熠生辉地照亮着我前行的征途，赋予了我生命非凡的意义与珍贵的价值。

01 沪上求学梦：曲折但璀璨的征程

身为知青子女，我出生在内蒙古的一座小城。自小，我的内心深处便怀揣着一个炽热的梦想——回到上海。12岁那年，这个梦想终于成真，我的求学之路也因此变得与众不同。

在内蒙古，我度过了快乐的童年时光。那里的天空湛蓝如洗，草原广袤无垠，小伙伴们的笑声纯真无邪。我在那里以全校第二名的佳绩完成小学学业，并考入当地一所顶尖的中学。

就在我对未来充满憧憬之时，回沪的通知犹如一道惊喜的闪电，照亮了我新的人生方向。然而，初到上海，一切并非想象中那么顺利。上海的教育体制与内蒙古截然不同，“五四制”的学制让我有些措手不及。根据就近入学原则，我进入家附近的一所中学读初一。

初到新环境，我面临诸多挑战。老师上课时常讲上海话，课间同学们大多也用上海话交流，而我讲普通话，常被同学们打趣。还算好，我听得懂上海话，还是能与同学交流，正是这样的交流，让我逐渐融入了这个新集体，也让我感受到了上海话的独特魅力。

从内蒙古到上海，除了语言环境的差异，学习上也是困难重重，尤其英语学习是最大难关。内蒙古的小学未开设英语课，而上海小学从三年级就开始英语课程学习。幸运的是，初一时我遇到了经验丰富的英语老师，在正常上课之余，还帮我补习，尤其是语法。记得刚开始学习英语的时候，我总是记不住那些复杂的单词和语法规则，第一次测验的成绩惨不忍睹。看着试卷上的红叉，我感到无比的失落和沮丧。但我知道，只有努力才能改变现状。

于是，每天放学后，我主动留下来向老师请教，回到家，我也会反复背诵单词和课文，认真完成每一道练习题。经过一段时间的坚持，我的英语成绩逐渐有了起色。一学期下来，我的努力终于得到了回报，英语成绩有了显著提升，还获得了“英语进步之星”的荣誉。

就像李大钊所说：“凡事都要脚踏实地去作，不驰于空想，不骛于虚声，而惟以求真的态度作踏实的工夫。以此态度求学，则真理可明；以此态度做事，则功业可就。”凭借这份坚韧与努力，中考时我以全校第二的成绩考入上海市第三女子中学，开启高中生活。

在这所有着深厚历史底蕴、众多名人曾就读过的学校里，我感受到了浓厚的文化氛围和学术气息。这里的老师博学多才，同学们也都才华横溢。刚入学时，身边优秀的同学众多，出身平凡且当时身为贫困生的我，难免有些自卑。然而，老师和同学们的关怀让我备受鼓舞。

记得有一次，我因为生病耽误了几天课程，感到非常焦虑。同桌主动把自己的笔记借给我，还帮我讲解重点知识。在她们的帮助下，我很快赶上了进度。为了提升自己，我参加了学校各种学科竞赛和社团活动。这些经历让我学到了很多，也让我明白了坚持和努力的重要性。

鲁迅说："希望是附丽于存在的，有存在，便有希望，有希望，便是光明。"我认真踏实、勤奋努力的特质在高中三年充分展现，最终如愿考入上海师范大学。

我的升学路充满曲折与挑战，但也让我学会了坚持与奋进，让我明白只要有梦想，并为之努力，就一定能够实现。

02
初心未改：教师梦的执着之旅

每个人年少时都有职业梦想，且常随年龄而变，我亦如此。小学时，两位班主任在讲台上的身影深深吸引着我，她们用知识启迪心灵，用智慧照亮前路，那时起，我便渴望成为一名教师。

在内蒙古上小学时，我常召集小伙伴在自家小院的苹果树下，用树枝当教鞭，在地上写写画画，模仿老师讲课，认真准备授课内容，涵盖语文诗词、数学运算等，努力让“小课堂”丰富多彩。

回沪后，上中学的我积极参与课堂互动，认真对待每门功课。有一次，班级组织知识竞赛，作为班干部的我主动承担组织者和参与者的双重角色，从收集资料、整理题目到组织分组竞赛，忙得不亦乐乎。在此过程中，我不仅帮助同学巩固知识，还体验到传授知识的快乐与成就感。

随着升学压力增大，实践教学梦想的时间逐渐减少。高考填报志愿时，第一志愿我填了计算机专业，那时计算机行业正蓬勃发展，似乎充满了无限的机遇和可能。然而，当父亲问我是否还想当老师时，那些曾经对教师职业的向往瞬间涌上心头，这勾起了我儿时的梦想，于是我在零志愿中填报了上海师范大学的化学教育。

后来，我如愿考入上海师范大学。在校期间，我如饥似渴地学习专业知识，积极参加教育实践活动。我有幸在上海市第二中学实习，跟随高级教师学习备课，用生动的方式讲解知识，努力让学生感受到学习化学的乐趣。

那段时间我还兼职做了一段时间的化学实验员，为同学和老师们准备实验器材。记得在上研究性课程时，我和老师一起为学生们设计了一些科创化学实验。当看到神奇的化学反应时，学生们脸上露出的惊喜和兴奋，让我至今难忘，这让我更加坚定了成为一名优秀教师的决心。通过自己的努力，我多次获得奖学金，最终以优秀毕业生的身份走出校园。

毕业后，我终于站在了梦寐以求的讲台上，看着一张张富有朝气的脸庞，我深感责任重大。我用心设计每一堂课，关注每个学生的成长进步。曾有一个学生，学习成绩一直不太理想，对学习也缺乏信心。为了帮助他提高成绩，我为他制定了详细的学习计划，每天督促他完成学习任务，并定期为他辅导功课。经过一段时间的努力，他的成绩有了明显的提高，对学习也重新充满了信心。陶行知先生说："**真教育是心心相印的活动，唯独从心里发出来，才能打动心灵的深处。**"

如今，我在教育岗位已多年，看到学生们从懵懂无知的少年成长为有理想、有知识的青年，我感到无比欣慰和自豪。未来，我将继续践行我的教育格言"千教万教教人求真，千学万学学做真人"，坚守讲台，用知识和爱心培养更多人才。正如雅斯贝尔斯所言："**教育的本质意味着：一棵树摇动另一棵树，一朵云推动另一朵云，一个灵魂唤醒另一个灵魂。**"

03
未来可期：心理学探索之旅

大学期间，我初次接触心理学，师范生必修课包含教育心理学，当时便对"心理学"产生了浓厚的兴趣。

真正让我将心理学从兴趣转为开始利用业余时间学习以提升心性，是在儿子两岁时。那时他常哭闹，怎么哄都不行。我感到无比焦虑和无助，不知道该如何是好。后来，我跟着王晓波老师学习郭铁军老师的“回归成长疗法”课程，了解到孩子哭闹可能是因缺乏安全感，于是我改变相处方式，给予更多陪伴耐心，儿子情绪渐稳。我们每周学习0—6岁幼儿心理发展及养育知识，探讨儿童心理学，解决诸多早期教养困惑。

之后，我参加华东师范大学叶红老师的“正面管教工作坊”，学习简·尼尔森的“正面管教”。正面管教是一种既不惩罚也不娇纵的教育方法，主张以“和善坚定”的态度培养孩子自律、责任感、合作和解决问题的能力。比如儿子犯错拒绝认错，我运用正面管教方法，与其平等沟通，引导他认识错误，最终能主动改正。

通过学习正面管教，我明白了孩子的每一个行为背后都有其原因和需求，作为家长，我们要用心去倾听和理解。我也将正面管教运用于我的教育教学中，建立了一套“坚定而和善，努力做最好的自己”四年班级管理方案，并将正面管教中的家庭会议模式运用于主题班会中，取得良好效果。

近几年，我跟随葛瑶老师学习正念，刚完成MindUP课程学习。正念是对当下身心体验的觉察关注，通过专注呼吸、身体感觉和当下思绪，提高专注力，减轻压力焦虑，增强情绪调节能力。学习过程中，我学会以平和的心态面对生活挑战和情绪波动，更好地活在当下。目前我正在合作推进中考正念减压项目，帮助更多考生远离焦虑、轻松考试。

2024年，我在怀二胎期间，经考试取得了心理咨询师证书。屈原曾说："路漫漫其修远兮，吾将上下而求索。"在心理学学习道路上，我将继续前行。

回首过往，从沪上求学的曲折，到坚守教师初心，再到探索心理学领域，梦想如明灯照亮前行路。未来，我将怀着对知识的渴望和对生活的热爱，在梦想指引下不断成长进步。相信只要勇敢追梦，无论道路多崎岖，都能走出精彩人生。愿每个人都能在梦想的星空中找到璀璨光芒，让梦想照亮生活的每个角落。

孩子“逼”我成长，觉醒让我们各自绽放

徐晓丽

NLP 国际执行师[①]

高级沙盘游戏师

国家二级心理咨询师，个案咨询累计 1 000+ 小时

① 为国际NLP协会（IANLP）对NLP课程制的专业执行NLP理念和技巧的人。它并不是一个职业，而是一个学习过程的认证，和大学英语四六级认证类似。

我是一名有着36年教龄的中学教师，在结婚第三年生下一个活泼可爱的儿子。同时，我在教育教学工作中顺风顺水，担任过学校大队辅导员、人事干部、退管干部、工会主席等中层干部职位，认为自己是一位能够平衡家庭和事业的成功女性。我曾一度为自己的家庭和事业感到自豪。

然而，儿子中考那年却给我带来很大的挑战。孩子坚持不读普通高中，选择了一所他喜欢的汽修职高。这件事让我很难接受，我哥哥姐姐家的孩子都考到复旦大学，儿子至少也得读个大学吧。何况自己还是个教师，自己的儿子却只是职高，在亲戚面前很没面子。

然而，让我思想观念发生转变，要从儿子15岁那年发生的一件事说起……

01 调羹风波

2008年一个周末的早晨，我带着儿子去家门口的早餐店吃早点，两碗馄饨上来之后，儿子去拿调羹，回来时调羹却不小心掉在地上摔碎了。

当时的我像许多妈妈一样启动了自动化反应模式，很大声地指责儿子：“这么大的人了，连个调羹都拿不住，长大了还能干啥？”

儿子回到座位上，我还喋喋不休地数落他。孩子静静地看着我，然后很平静地问：“妈妈，你说完了吗？”我诧异地看着儿子，其实那时我还一肚子怨气呢，听儿子这么一问便没好气地说：“说完了。”

儿子十分平静地看着我说：“那你想不想听我讲个故事，看看一位外国妈妈是怎样处理这样的事情。有一天早晨，一个三岁的小女孩不小心打翻了全家人的一大罐牛奶，女孩惊愕地看着妈妈。妈妈却温和地对女孩说：‘哇哦，我们家还从来没看到过牛奶的海洋呢！来，妈妈抱你下来一起玩，好不好？不过玩好了，你要和妈妈一起把地板收拾干净。’”

当时，我真是感到无地自容，低下头陷入沉思……

这时，儿子又转身向旁边站着的服务员说：“阿姨，这个调羹多少钱？我们赔。”服务员说：“没关系，不用赔。”

儿子说：“要赔的，这是我打碎的，我妈教育过我，损坏东西要赔偿。”

儿子的这一举动令我十分震惊，我本想教育儿子，却被儿子当众教育了一番。

于是，我开始另眼看待眼前的这个男孩，这个曾经在我眼里总是这里不好那里不好，处处跟自己作对的毛头小子。此刻，我感到儿子是那么有力量、有智慧又有担当，我也开始深刻反思自己的教育方式。

我的父母都是军人，我从小在军营中长大，我是兄妹四人中最小的一个。在我的记忆里，父母和孩子之间很少沟通，可以说几乎没有交心的谈话，所谓的沟通就是做得不好时被父母打骂，做得好，在父母眼里都是应该的。我从父母那里接受的教育就是责备打骂，长大后发现自己自动复制了父母的养育模式，还理所当然地认为教育孩子就该如此。

02
走向自我成长的觉醒之路

从此，我开始走进心理学的课堂，走上自我成长的觉醒之路。从最开始学习肌动学（kinesiology），再跟随孙瑞雪老师学习“爱和自由”的蒙台梭利教育理念，参加了一次贝曼老师的萨提亚家庭治疗工作坊的体验活动。在不断学习成长的过程中，我渐渐看清了自己的原生家庭和焦虑恐惧的养育模式，一点一点在修复和转化。

儿子中考选择了职高时，我开始很不理解，还想说服儿子，但儿子非常坚定地告诉我：“我喜欢汽车，喜欢汽修和改装，我觉得读高中就是浪费我三年时间，以后我还想去美国学习汽车领域专业技术呢！”

儿子是有理想的，我有什么理由去阻止他实现自己的理想呢？我渐渐转变了看待孩子的眼光，从挑剔到欣赏，从控制到接纳。那时，尽管我内心不认同，最终还是尊重了孩子的选择。

我看到孩子的决心，也了解孩子动手能力特别强，而且他对自己的职业生涯有清晰的规划，于是我从反对转变为祝福。他是一个有主见的男孩，已早早地清楚自己喜欢什么、想做什么，作为妈妈不就希望孩子幸福吗？

我也因此认识到，作为父母需要学习发掘孩子的天赋，并力所能及地支持孩子，而不是按照自己的观念限制孩子成长。

儿子开始读职高时也遇到了挑战。进职高后才发现学校的氛围与他想象的完全不同，班上有一些同学学习积极性不高，而他知道自己是来学技能的，于是每节课他都坐第一排，非常认真地听老师讲课。

就这样，一年后他被破格调到汽修竞赛班，每天都要在车间进行汽车检修拆装排障训练。一年集训后，他参加了上海市的集训队，去天津参加全国星火计划职业技能大赛，并荣获了全国大赛团体二等奖和个人汽车空调维修比赛一等奖。

职高毕业后，儿子也感到现有的知识无法支撑他未来的梦想，便提出去美国进一步学习。我和老公都完全不了解留学的事，一时半会也无从入手。

儿子此刻却十分淡定，对我们说：“你们只需要准备好学费就好，其他的我会自己搞定。”后来去美国的一切准备，包括联系咨询中介公司、确定就读学校、考雅思、提供所需申请资料文件等所有事情，确实都是儿子自己搞定的。

在美国留学的五年里，儿子遇到什么问题都会自己想办法解决。他知道我们做父母的远在天边也帮不上忙，选择报喜不报忧。五年时间，他锻炼出很强的独立生活和解决问题的能力。

在儿子留学的五年里，我也把焦点和时间放在自我学习成长的道路上，不仅获得了国家二级心理咨询师证书，还在学校担任心理健康教师。在学校里，我主要负责学生心理辅导、教师心理减压培训以及家长亲子沟通工作坊等工作。我逐渐领悟到，唯有家长自我学习成长，自我觉醒改变，才能让孩子有机会、有空间做他自己，成为他自己。

03
找到天赋和热爱，各自绽放

如今，儿子回国后做着自己喜欢的事，他喜欢钻研一些机器设备，有些连高级技师都没办法修好的咖啡店和餐厅的高档机械设备，他竟然也能修好。他有着一群和他志趣相投的年轻朋友，有一间自己独立品牌的私人订制自行车工作室。

他一个人租了一套市中心的老式石库门弄堂（步高里），把它打造成工作间，把所有工具和他的私人订制自行车都井然有序地挂在墙上。业余时间，还在动物标本、改装设备、会展设计、露营、西餐、音乐、网球运动等领域做他喜欢的事。

如果在以前，看到儿子留长发、打耳洞，我会很难接受，现在我反而特别欣赏儿子的与众不同和无限创意，在我眼里，儿子就是最棒的！

而我自己则逐渐把学到的心理学理念和技术用于教育教学中。我和学生之间的互动模式也在悄悄地发生变化，开始更多地走进孩子的内心，与学生进行心与心的交流。

考虑到一对一辅导的局限，为了能够关照到更多学生，我开始组织班级学生写心情周记。每一篇学生周记，我都会用心批改并给予积极反馈，这一改就是五六年。通过心情周记，我和孩子们的心靠得更近了，很多孩子开始主动找我聊心里话，谈未来梦想。

在辅导学生的过程中，我还帮助了不少深陷困境的孩子。曾经有一个初一的男生，经常和班级同学打架，其他老师都束手无策。在我的心理咨询中，了解到男孩是在一个单亲家庭，爸妈离婚后妈妈嫁到了国外，父亲也重新组建了家庭，他跟着爷爷奶奶生活。

当时妈妈爸爸闹离婚时，男孩才五岁，爸爸曾恳求妈妈不要走，但妈妈还是毅然决然地离开了。那一幕一直印在男孩的心里，他感到自己被妈妈抛弃了。后来男孩的爸爸也再婚成家。于是他痛恨妈妈，甚至痛恨所有人，所以在学校一不如意就大打出手。

经过一年半的陪伴，男生开始感恩妈妈给了他生命，脸上也有了难得的笑容。我说服他的爷爷奶奶让他和远在美国的妈妈重新取得了联系。初三毕业时，男生对我说："感谢您让我找回自己，让我看到生活的美好和希望。我以后会再来看望您的。"后来男生去了美国跟妈妈团聚，还学了自己喜欢的汽修专业。

如今，退休的我更忙碌了，在上海静安区有自己的心理工作室（沙探心空间芷江西路店），这是我十年前的梦想。

作为一名教育工作者，一位走向觉醒的妈妈，我正在用心理学专业和助人自助之心，支持和助力更多的家庭获得幸福和谐。

一路走来，我和儿子彼此成就，不断成长，找到自己的热爱，做回自己，同时也让儿子活成了他自己想要的样子！

我深感，一个孩子的人生中，比上大学更重要的是有自己内心的热爱，并坚定地追随自己的梦想。就像《牧羊少年奇幻之旅》中的主人公圣地亚哥一样，我和儿子都已找到属于自己的"宝藏"。

你和孩子找到属于自己的"宝藏"了吗？你又打算怎样支持孩子呢？

从“训生师”到“教室舞者”：一位教师的蜕变之路

吴俊

初中科学任课教师

美国MindUP（心升）青少年心理健康课程认证师资

当提到“科学吴”这个角色，学生常常会用“尊重、友好、亲切、温柔、善于夸奖和引导学生、思维活跃、课堂独特有趣、内心强大、热爱生活”这些美好的词语来形容我。但是老实说，曾经的我可真不是这些品质的代名词。我是如何从一个完全不同的状态蜕变成今天的“科学吴”？先让时钟的指针拨回到30年前。

01 被恶意短信击中后的觉醒

30年前的我并没有把成为教师列入人生计划，但为了满足父母的期望，我成了一名师范生，并在四年后成为一名高中化学教师。这就是我教师生涯的成长起点。

行为主义强调，人的行为是由过去的经验和学习环境所塑造的。尽管大学里我学过教育学和心理学知识，但当我真正踏上讲台时，所有的教学行为都来自我对过去教师的印象和我自己精心编织的心理防御“人设”——“敬业、严厉”及“自以为是”。我对学生要求严格，也会语重心长。面对挑战我的学生，我不是用“权威”来镇压，就是用“良苦用心”的话语来试图感化他们。当时的我，认为严厉和高压就是教师的智慧标志，学生的高度服从恰恰是我的优质教育成果。

我以为自己的教育之路会一直顺风顺水，但真正触发我对教师意义的深刻思考，并不是因为顺境，而是那种奇怪的“能量不匹配”。虽然我在课堂上表现不俗，学生也很听话，但我总觉得与他们之间有一层看不见的隔阂。就像眼里飘进了点灰尘，虽然知道这种不舒服并不严重，但总是让人心烦。这种感觉被每年的荣誉和成绩掩盖了。然而当时发生的一件事让我的这种不适的程度达到了极限，我才意识到，问题可能在于我自己。

那是我做教师的第四年，一名已经毕业且曾只在我班上待过一年的学生，通过匿名短信对我出言不逊，发泄不满。当年这个男孩在我班级非常有个性，他对我的教学理念（当时我自己也没有明确的理念）非常不满，常常当众挑战我。而我则用自己惯用的方式“压制”了他。**我们之间的关系就像力学中的两个相反方向且大小相等的力所形成的平衡：他对我不满却无力反抗，我也未能完全让他屈服，但至少我保持了自己的立场，不让他完全对我不敬。**

我本以为这种平衡会随着毕业后的无交集而消失。然而，没想到他竟然记住了我，并以如此激烈的方式“问候”我。起初，我的反应是愤怒，但随着时间的流逝，我的愤怒渐渐消退，取而代之的是对自我的深刻认识。他的短信反映了我在他眼中产生的负面影响，而我依旧固执地认为自己的做法是正确的。

后来听当年同学说他在聚会上仍会提到我，并且心中依旧有不满。我想成为一个好教师，但我也不想再被学生以同样的方式对待，这种极端的不舒服引发了我的恐惧，而这种恐惧感促使我反思。这一认识让我明白，承认自己的错误并不容易，因为心理防御机制总是让人难以自省。

尽管我意识到了问题，但当时我感到特别茫然。我知道自己之前的做法可能会带来后患，但却不知道正确的做法是什么。于是，我开始第一次自驱学习。

02 用学习和刻意练习重塑教育神经回路

在接下来的日子里，我开始深入学习教育相关知识，包括阅读各种教育家的著作和相关的心理学专业知识。我意识到，虽然我当时受到的“报复”引起不快，但我也庆幸自己的“及时止损”，没有继续因为自己的“无知”再伤害到更多的孩子，对他们的成长产生负面影响。

我将这些新学到的知识应用到日常教学中，虽然最初的转变让我感到不适应——从严厉到友善的变化让我觉得有些别扭。然而，当我读到苏霍姆林斯基的那句“教育，首先是关怀备至地、深思熟虑地、小心翼翼地去触及年轻的心灵”时，我感受到了深深的共鸣，也获得了前所未有的力量。而来自学生们纯真的反馈一次次激励了我，逐渐让我从“温柔、友好、亲切”的评价中获得了更多的满足。我过去那种“能量不匹配”的不适感开始消失，取而代之的是自然、愉悦的教育体验。与学生的“谈心”变成了真正的倾听、共情和支持，学生们不再畏惧和我对话，而是主动来找我交流。

我不再像过去那样将自己和学生放在一个有距离感的位置，而是主动走进他们的世界，也让他们走进我的生活。我愿意与他们分享我的学习经历和个人爱好。我喜欢画画，于是会在作业上给他们画些小表情；我喜欢做美食，就会准备一些美食与他们分享；我喜欢唱歌，就会在课堂上为他们演唱；我喜欢学习和成长，也会讲述自己的成长故事；我喜欢创新，于是会设计有趣的课堂环节和作业；我喜欢摄影，会把自己的照片制作成明信片送给他们。我重新定义并建立了不一样的师生关系。我也不再是过去的我。

03 教育理念的重塑引发了创新实践

我的教学理念和方式的变化，也是源于一次深刻的认知冲突和反思。过去我一直认为提高学生的学习成绩是教学的首要任务。然而，在我担任教师的第五年，一个我全力帮助的学生，从班级垫底到高考中获得了理想的成绩，却因为缺乏内在驱动力在大学中迷失，最终被退学。这一事件让我开始重新思考：真正的好的教育究竟是什么？

那时，我已经学习了一些教育学的知识，这促使我主动反思并再次学习。通过这次经历，我意识到：教育的价值不仅仅在于成绩的提升，更在于培养学生的内在驱动力和全面发展。后来由于工作原因我改教初三化学，面对一门中考学科，我发现所谓的内驱力和全面发展在中考分数面前没那么重要了。学生每天为了得分率而刷题，对我的热情无力回应。他们的状态非常没有能量，好像眼里只有分数。我又一次感到不舒服，可是我又无法改变。于是我向学校申请，不再教化学而改教科学。

然而，新问题随之而来。虽然教科学使学生的状态和我的心情都变得轻松了，但由于科学不是考试科目，学生们对它的重视程度远不如考试科目。他们在课堂上常常无视我，甚至做起了其他作业，这又一次让我感受到一种“能量不匹配”的不适感，但是我也明白我不能用权威去压制他们，但我之前的学习也让我无法更好地应对这种情况。我又一次开始踏上学习成长之路，不断寻找改进教学的方法。

直到2016年，我了解到了钱志龙博士的项目式学习，这种学习方式让我眼前一亮。于是，我投入了大量精力自费学习项目式学习的知识和技能，还亲自参与了多个相关的工作坊。这段经历让我更加渴望将这种创新的学习方式引入我的课堂，带给学生们更具活力和实用性的学习体验。同时我还学习了各种和教育教学相关的理念和技能，例如社会情感学习、深度学习，甚至包括正念练习、公益教育，并将它们融合在我的课堂里，成就了我独特的教学风格和模式。我重新定义并塑造了我的课堂。我设计了各种有趣且有意义的学习活动，提升学生的多元能力。

学生们逐渐意识到，科学并不仅仅是一门“副科”，而是一个能够培养多种核心素养的学科。他们在一次次有趣且富有意义的学习活动中释放创造力的同时，也学会了以科学的严谨态度思考问题。从最初的好奇探索，到深度思考更广阔的世界，甚至开始自我审视，探究“我是谁”“我如何影响世界”这样更深层次的问题。对我而言，我也不只是传授知识的人，而是启发学生思考、激发学生潜能的引路人。

04 梦想在自我成长中慢慢生发

回顾我这25年的教师生涯，看似我学习了许多与教育相关的知识，但实际上还启动了自我成长机制。当我意识到自己需要接纳学生却无法做到时，我明白自己需要学习控制情绪，而这势必涉及自我探索的领域。我开始对自己有了更深刻的认识，接纳和完善自我，这包括对自己原生家庭的了解以及成长经历的回顾。这些过程让我理解了自己为何会有某些反应，并明白了如何变得更好，也让我能够更加同理现在的孩子们，去更好地倾听他们、接纳他们、相信他们、支持他们。

当我读到帕克·帕尔默在《教学勇气》中的那句："真正好的教学不能降低到技术层面，真正好的教学来自教师的自身认同和自身完整"时，我顿时明白了，自己也正是这样一路成长起来的：从一开始的那种"能量不匹配"的不舒服感开始，经历了从"严厉师傅"到"温柔科学家"的蜕变，从"训生师"到"教室舞者"的升级。当我了解自己，慢慢活出我自己，并将我的经历与教育恰到好处地融合到一起的时候，我就会把自己最好的一面带到课堂，更好地影响学生。

《小王子》里有一句话："每个大人都曾经是小孩子，只是他们忘记了。"感恩自己所有的经历让我找回失去的记忆，我也希望自己永远铭记这份童真，与学生们一同成长。用真实的自我，启迪他们去发现自我、完善自我、成就自我。这就是我在做教师的这些年里慢慢生发出来的梦想。

靠近心怡　心旷神怡

心怡

“幸福三人行”创始人

“富而喜悦”内观陪跑教练

“笔的故事”深度落地实战营第一人

梦想是心灵的灯塔，照亮前行的道路。在追逐梦想的旅途中，我们不断学习、成长，挑战自我，最终实现自我超越。每一次跌倒，都是成长的契机；每一次尝试，都是向梦想迈进的一步。我一路走来，虽然路途坎坷，但每一步都让我更加坚强，更加接近心中的那片星空。

01 我的人生底色

我出生和成长在苏州的一个普通家庭里，父亲是一名建筑工程师，母亲是拥有多年教龄的小学语文老师。我的人生底色和价值观是在儿时奠定的，和父母的言传身教有很大关系，即善良、勤劳、爱学习。

父亲当时参与了苏州轻工行业内两个工厂的基础建设。后来他自己创业，被聘请为基建项目的甲方。他任劳任怨，最终收获了丰厚的财富。我的母亲善良孝顺，一直用心照顾年迈的外婆。她学习力很强，年轻时只顾工作不会烧菜，退休后开始学习，每次外出吃饭就“偷师”一道菜，回家做给我们吃，结果烧得一手好菜。

在父母的呵护下，独生女的我要强不服输，一身正气，一路折腾，退休了还在创业路上。

02
“被唾弃”的职场和两次失败的创业

回想近20年的职场生涯，我是那个在HR眼里“被唾弃”的人，因为每2—3年我就要换一份工作。我在事业单位、大型工厂、小型创业公司等企业，做过行政人事，干过市场销售，这样的工作经历，让我累积了看人看事的阅历，细细想来，这就是我的一笔巨大财富。

婚后，我支持丈夫一起创业。我把准备买房的定金拿出来交给他，希望能成全他的创业梦想。然而能力强不等于能赚钱，做老板需要有综合能力。结果先生开的2家公司全部倒闭，亏损百万，这在2007年是一笔巨款。

我们夫妇俩没有了工作，零收入还有贷款，背负巨大压力。我记得那年走在小区门口，有个做调味料的老板拦住我，说：“老板娘，您3 000块的欠款能不能给我结一下？”“我拿不出来啊！”这句话重重打了我的脸，我当时恨不得钻到地底下。

为了生活，我每天下午4点多就开始在小区摆摊卖睡衣。丈夫也跨入机械行业从零开始，再次成为打工人。

有朋友很感慨：“你在我眼里就是一个饭来张口的公主，居然还能摆地摊。”我笑了笑：“生活、生活，生下来就要活下去。”

03
1元竹筒，从贵人伴我到我为贵人

在那段痛苦的黑暗时刻，我偶然间参加了慈济慈善基金会组织的一场活动。

那天下着雨，为了让参加活动的人不淋雨，义工为我们撑起伞，自己被淋湿也不在乎。我感到无比暖心。

我看到了证严上人的竹筒故事，讲的是一群主妇每天在买菜钱里省下五毛钱投入竹筒，每投一次竹筒，就发一次善念。上人说“不要做一个手心向上的人”，这句话让我忍不住落泪。

那天，我请回了爱心竹筒，每天在里面存1元钱做慈善。在我最困难的时候，我选择做一个手心向下的人，我终于拿回了内在的力量。

我决定在慈济做义工。只要休息天我一定会去慈济，做垃圾分类、做慈善，我还邀请先生和孩子一起做慈善。先生学会了做素食，还做起了大厨义工。

我还为云南普洱地区的贫困生找帮扶家庭，至今已坚持了10多年，每次看到孩子们考上高中、大学，我就特别开心。

一路上，我遇到了很多生命中的贵人，如蔡礼旭老师、寂静法师、格西老师等，在我最需要帮助的时候指引我走向光明。

我们只有成为别人的贵人，才能常遇贵人相助。想要什么，就先给出去。

04 接触生命智慧，爱出者爱返

在个人信仰的指引下，我踏上了开设素食餐厅的旅程。然而，尽管我满怀善意，却又遭遇了失败，甚至背负了债务和遭遇信任的坍塌。我感到困惑和沮丧，不明白为何善行并未带来预期的成功。

2016年我决定开设线下读书会，我相信只有集体学习智慧，世界才能更加光明。我从做领读人开始，逐步培养和鼓励他人成为领读人，将智慧传播到千家万户。

经过半年的努力，我们培养出了第一个领读人。我承诺支持每一位领读人，帮助他们成长。我甚至牺牲了自己的时间，去支持和陪伴他们，直到他们能够独立。

随着时间的推移，我开始通过视频会议为外地的读书会提供支持，无论是江西、郑州还是武汉，我都尽力提供帮助。我还决定在线上孵化领读人，创立了一套标准流程，确保读书会的质量。

2019年9月，我萌生了做线上践行营的想法，我们提炼出了核心价值观——3年陪伴一万人快乐践行。10月1日，我们开启了第一次“21天梦想营”，得到了全国各地学友的积极响应。

恩师格西老师曾说，成功就是爱。我深信，只要我们活出榜样，就能影响更多人。每当我回想起自己的初心，我都感到无比的感恩。我相信，只要心中有善念，就必有天地护佑。

面对失败和挑战时，人们常常会感到困惑和沮丧，但我想告诉大家，即使在最困难的时刻，也能找到希望和力量。我通过学习生命智慧，践行“种子法则”，找到了一种全新的生活方式和思考问题的方法。这种转变不仅影响了我个人，也影响了我周围的人。

05
推广生命智慧　福往者福归

在我对生命智慧的深入学习中，我特别关注了其核心工具——“笔的故事”。我意识到，尽管这一工具至关重要，但许多人并未意识到其在生活中的应用。为了更深入地掌握和传播这一智慧，我参加了格西老师亲授的一阶教培课程。

随着对生命智慧的深入理解，我们团队的愿景也得到了升级——让一亿人听到“笔的故事”，让一亿人活出丰盛喜悦。这不仅是我们的梦想，也是我们努力的方向。

我坚信，**上课不是目的，改变至关重要；智慧不在课程，实践出真知**。因此，我在2020年推出了“笔的故事”三人行践行营，并在2021年底整理出一套独家方法论，应用“空性”理论拆解生活案例，通过公益教学分享给更多人。

2022年，我开始思考如何将公益读书会市场化，以深度影响少数人，进而影响更多人。2023年，我研发了“内观空性实修班”，帮助学员进行深度自我探索和自我疗愈。

21天的实修班学习带来了显著的变化：有人超额完成了收入目标，有人开启了收费咨询项目，有人突破了财富卡点，还有企业家改善了多年的家庭关系。这些案例让我深感智慧的力量，并坚信智慧传承的力量。

在“种子法则”的践行过程中，我也取得了显著的成果：从创业负债到财富丰盛，家庭关系全面升级，还拥有了一支自发自愿的义工团队。我的先生曾经不爱学习，现在变成了赋能总教练，成了我坚强的靠山。我们手牵手，一起服务社会，这正是我所期待的亲密关系。

我经历过生命中的几个转折点，在痛苦中涅槃重生。我成了一束光，不仅照亮了自己的道路，也给予了他人力量。我深刻体会到梦想的重要性，它如同生命的翅膀，引领我飞越困境，实现自我重生。

梦想是我前半生的指南针，它赋予我方向和动力。我学会了在逆境中寻找力量，将痛苦转化为成长的契机。梦想让我相信，无论面对何种困难，都有可能克服，只要坚持梦想，就有实现它的希望。我开始更加深刻地理解到，**痛苦和挑战是通往成长和光明的必经之路**。

展望未来，我将继续带着梦想和希望，照亮自己和他人。我相信，只要我们坚持梦想，不断努力，就能够创造出更多的光明。我期待在未来的日子里，继续前行，帮助更多人，去共同创造一个充满希望的世界。

从自卑的丑小鸭变成家族荣耀：人生就是一场救赎

鸿瑞

“心智能量”教练

鸿瑞“一心学堂”创始人

西安鸿瑞疗愈生活空间主理人

人生是什么？**人生是体验的总和，是一场修行，人生更是一场自我救赎**。从自卑的丑小鸭到成为家人的荣耀，这条路究竟有多长？我现在才懂，生活为何是柴米油盐酱醋茶，生活的味道的确是酸甜苦辣咸。

01 不堪回首的往事，让我成为“铁娘子”

你的梦想是什么？

童年的我没有任何梦想，因为不敢想也不能想，这一切还要从我的原生家庭说起。美国苏珊·福沃德博士的《原生家庭》一书中写到：“父母在我们心中种下了精神和情感的种子，他们会随我们一起成长。”由此可见，一个人的童年经历几乎决定了他的一生。

20世纪80年代，富裕的家庭环境让我在物质上得到了满足。可是，在情感关系以及价值观上我出现一些偏差。父亲内向不怎么爱说话，不喜表达，只有喝了酒才会不停地说话，酒后还会对母亲拳打脚踢。在我的认知里，家暴、男尊女卑、不被尊重都是正常的，似乎生活本应该如此。

为了逃离原生家庭，20岁的我匆匆忙忙把自己给嫁了。没有想到这是我噩梦的开始。我习惯性地讨好别人，努力证明自我价值，生怕被抛弃的思想影响着我。然而越是这样做，越显得卑微，没有幸福可言。我在结婚前就遭遇伴侣的背叛，怕丢人所以选择了隐忍。可是背叛只有0次和无数次，准确地说，那时候我并不知道什么是爱，也从未感受过被爱。那时，我的生活一眼就可以看到终点，人生对我而言没有希望可言。

我的婚后生活不堪被提及，虽然生活上琐碎的事情很多，但是我的商业魄力尽显无遗。我想尽一切办法，动用一切资源学着做生意，所以财富一直很丰盛。当我在事业最顶峰时期，我失去了我最爱的奶奶、爸爸和爷爷。一时间，人走茶凉，一眼可以望到头又毫无生机的生命洪流将我淹没。

之后，我经历了三次剖宫产，每次都与死亡擦肩而过。我的大女儿很有个性，二女儿经历了两次生死考验，小儿子因为早产，不到两年永远地离开了我。

由于我的弟弟年纪还小，我不得不担起娘家的重担。为了一家老小的生计，更不愿落于人后，我不得不成为“铁娘子”，努力让家人过上好日子。

赚钱成了我唯一的乐趣。

生活不会因为你是女人，而对你手下留情。生活于我苦不堪言，我连死的权利都没有，唯有勇敢面对，用工作来充实又麻痹自己。

02
从资产千万到关闭所有校区

经过几年的辛苦拼搏，我在30岁就完成自己的财富目标，资产过千万。那时我也生起了傲慢之心。

有句古话这么说：人狂必有祸。

我初中的大女儿进入叛逆期，对她进行说服教育，无果后带她上各种训练营，我自己也开始了家庭教育的学习，这让我越来越意识到教育的重要性。

五年时间，我的培训学校从开始的六十几个学生到后来的近千名学生，从一所校区发展到四所校区。我不断地学习和外出考察，引进先进教学理念和科学的管理方法，我把所有心思都用在了创办的树仁教育上。

我不光为孩子们带来一线城市的教育资源，还开展了上百场公益家庭教育讲座。我每天睁眼直奔办公室，晚上老师们下班后我便锁上校门开始制作PPT，静下心思考总结。一直以来我坚持用爱做教育，对于家境贫困的学生减免其学费，学校被上级领导誉为“一家有温度的培训学校”。

全球公共卫生事件发生期间，我们为战斗在一线的教育先锋和医护工作人员送消毒水，并问他们：“我们能做点什么？”对方说：“想办法搞点口罩吧！我们的同志一个口罩戴了7天！”接到这个指示，我们最终托朋友买来了两箱口罩，虽然“价格不菲”，但总算不负重托。

期间，我们的教师队伍也没闲着，学习新的线上教育模式，钻研教学，在线上依然对孩子们进行学习和生活的指导，并开启了线上好爸爸好妈妈课堂。因为我们坚信，很快就可以正常上课了。

但因政策调整，我关闭了所有校区，投资全部打水漂，有生以来我第一次感觉到了压力。除了经济损失，我更心疼的是这份热爱的事业。我已经深深地爱上了三尺讲台，爱上了我的孩子们，我舍不得呀！到底该怎么办？

我认为比给孩子们传授知识更重要的是教孩子们做光明正大的人。多年来的学习成长让我对人生的意义有了新的定义，生活不仅仅是赚钱养家，更是一份担当，一种使命。

03 不惑之年，重启人生

祸不单行，我的婚姻也出现了问题，不幸福的婚姻让我已经习惯把重心放在事业上。我把两个孩子留在西安，独自来到陌生的城市寻找创业机会，却体会到从未有过的孤独和失落。

一段时间后，我又回到了西安，整个人充满了负能量，非常迷茫。我找不到答案，依旧过着“想离，离不了；想过，过不好”的婚姻生活。我学了那么多，为何依然过不好自己的日子？我到底错在哪里？无从下手的职业生涯让我知道，面对现状必须找到一束照亮我的光，让我走出泥潭。我要找到一处僻静之处，让我可以疗伤。

我开始看书，健身，学习做饭，学着爱自己。我刹那间明白，不是家人需要我，而是我需要他们来证明我的存在。因为有他们，才有机会证明我的价值。因为有他们，我似乎才能感觉到活着和奋斗的意义。

原来，我的前半生一直在做证明题，将所有的过错全部归咎于原生家庭，我的方向搞错了。四十年来我从未思考过，除了为家人活着，还能有什么活着的理由。虽然我没有想明白，但是我渐渐体会到，我可以换个活法。

想要改变，唯一的方法就是学习。于是我开启了疯狂的学习模式。我跟随几位特别优秀的老师，学习“种子法则”、个人IP的打造、写作等。那段时间我没有想要去赚钱，只是想要提升自己、想要解惑、想要明白太多为什么。最终，我知道了人生的意义，明白了宇宙运行法则。

四十年来我是第一次感觉如此的清新。母亲说我变美了；两个女儿说我更像妈妈，更幽默了；朋友说我柔和了。我也感觉到了自己像新生的婴儿般重生了，一切都是新的，感觉非常美妙。直到现在我更加笃定，我是一切的因，不能埋怨任何人，自己变好了，身边的一切都变得美好了。这两年我收获了母亲的欢喜、吸引到智慧伴侣、组建了幸福家庭、拥有和谐的亲密关系、两个女儿也越来越优秀。

不经意中我也有了私教学员，创办了“五个一”改命践行营，也有了疗愈工作室。2023年我创办了鸿瑞教育，不同的是，**我曾经的奋斗是为了小家，而现在是为了点亮更多人，传播智慧。**无数的咨询个案让我的生命更有意义，当看到对方眼里的光，我是满足的；当我做出的方案获得认可，我是喜悦的；当我看到正向反馈，我是幸福的。

人因希望而奋斗，人因利他而无畏。这一刻，我明白了：天将降大任于斯人也，必先苦其心志，劳其筋骨。**一路荆棘未曾将我打倒，是因为有使命未完成。经历不是财富，唯有在沉淀后获得智慧，才能使经历更有意义。**对未来，我满怀热情，翘首以盼。

不惑之年，我度过了有史以来最美好的时光，我将这段心路历程分享给你，也许会启发你对人生的思考。愿每一位女性都能成为爱本身，敞开心扉迎接新的生命，拥抱自己更美好的人生。

生命觉醒的码头

慧远

深圳“正念一平方”教育科技公司创始人

MBCT 正念认知行为疗法、MBSR 正念减压带领导师

美国 MindUP（心升）青少年心理健康课程认证师资培训师

人类图正念家庭教育及企业团体动力个案咨询教练

每个人都像一只漂流在生命之河的小船，有时我们会被父母简单粗暴的养育方式对待，身心多少会有“受伤的感受”，会产生悲伤、恐惧、愤怒等情绪。同时，在潜意识中会形成一种自卑感，如我不够好、我不被爱、没有人会喜欢我……

随着我们慢慢长大，生命的小船在生命之河中继续前行，但记忆会像一条条绳索一样牵绊着我们。一旦遇到某些情境便会触发早年的创伤性记忆，会再一次陷入受伤的痛苦体验中，整个人的反应行为也会和小时候一样，难以用成人的理智和友善来处理。

这样的创伤性事件在心理学中被称为“生命码头”。这些感受和信念都深埋在我们的潜意识中，每当我们经历一个令自己感觉到伤痛的事件，就好像小船的一次触礁。

现在，我非常郑重又欢欣地邀请你，一起来游览那些带给我苦难也催我觉醒的“生命码头”。

01 孤独的童年，压抑的青春

从记事起，我就不懂得什么叫开怀大笑。外婆总在我父母面前说我小小年纪思虑太重，没有孩子特有的童真，我怨郁冰冷的眼神也常常让外婆不喜欢。

原来“留守儿童”在20世纪60年代就已经存在了。我的父母是知青，从杭州市区到边远农村插队落户，他们生下我却没能力养育我，把我送到杭州外婆家。每当夜晚来临，我的表弟表妹及其他小朋友都有父母带他们回家，唯有我独自上楼望着窗外的云朵和邻居家的屋顶发呆，习惯了把孤独悲伤的情绪和眼泪深藏在内心……

我的父母几个月才会回来看我一次，虽然每次都会带玩具和零食给我，但我与他们在情感上很陌生也很疏远。我从小不会主动叫妈妈，也不愿意与妈妈一起睡觉。当时的我具备了现代留守儿童所有的特征，同时内心对父母产生了深深的怨恨。

我的外婆非常严厉，很多的规则让我感觉每时每刻必须小心翼翼，总觉得有一双眼睛在背后监视着我，生怕出错挨骂。我生活得很压抑，内心敏感而自卑，感觉我只是寄养在这里，与表弟表妹不同，我是被父母抛弃，不被他们喜欢的。

我的第一个“生命码头”就这么产生了。

“被抛弃”“不被喜欢”“不够好”的信念植入了我的潜意识，孤僻、自卑、敏感、冷漠、任性、逆反成了我的人格模式。

上幼儿园大班时我回到父母身边生活，父亲是当地国企的厂长，对我宠爱有加，但对我要求也十分严格，我不得不屈服于父亲自以为是为了爱我而做的一切安排。

我从小体质比较弱，挑食、不爱吃早餐。记得小学五年级的一个早上，父亲拿着早餐糕点站在我们教室门口，非常严肃地喊我出去吃早餐，我在全班同学众目睽睽和哄笑声中走出教室，在父亲的监视下，含着泪水吃完了早餐。

高中一年级开始，我担任了区文艺汇演的主持人，有很多男生写信表达对我的欣赏和爱慕，父亲为此非常恼火，不仅擅自截拆我的信件，还找校长停止我的主持人及所有文艺汇演角色。校长在父亲的强势态度下妥协了，为此，我感到非常屈辱和愤怒，却无力反抗。

我有一段时间无法正常去学校，非常迷茫，觉得这样活着只是“傀儡”，不知在父母管控的牢笼里面何时是尽头，何处是出路。我想逃离这个家庭，远离“魔鬼”般的父母……

后来父亲反对我考大学，因为他在我读高二时已经为我准备好一个进厂工作的指标，这在那个年代是令人艳羡的机会。就这样，我在父亲的安排下放弃了大学校园梦。

被抑制、被操控、被安排、被依赖，成了我生命旅程中“自动化”的行为模式。

02 唤醒家族使命，却迷失了自己

改革开放后，我终于有机会离开父亲去其他公司工作，有幸遇到我职业生涯中的第一位伯乐——新公司的总经理，他非常信任和尊重我，并发现了我的商业天赋，非常清楚如何发挥我的优势，给我很大的空间锻炼成长，并支持我复读考大学，带薪读书，为我提供再学习和深造的机会。

那五年我的进步有目共睹，我的业务能力是全公司第一，在行业领域中也颇享声誉，那段时光也成为我职业生涯中的骄傲。

然而，28岁却成了我的转折年……

那一年，父亲查出肝癌晚期，8个月以后离开了我们；

那一年，前夫在我陪父亲治疗期间背叛了我；

那一年，我怀孕了，儿子来到了我的生命里；

那一年，我与弟弟一起选择了背井离乡，从杭州来到深圳，开启了新的生命篇章……

“父亲永远离开我了，没有人再会安排我、管控我，但同时我再也没有人可以依赖了！”沉重的打击使我不想与前夫有任何交流，那时的我心中只有家族的使命感。1991年11月，我毫不犹豫带着弟弟前往深圳发展，寻求新的出路。

那时，我的团队有500多人，市场也拓展到欧美很多国家，我每一天都在连轴转，整整十年都是同一种工作及生活状态，生命像抽丝剥茧一样，我很坚强，内心却始终无法喜悦。

“我怎么了？我想怎样？我可以停下来吗？我好像把自己搞丢了，找不到我自己了，不知道我到底要什么？我要去向哪里？我是谁？”

03 分享正念生活方式，是我余生的梦想

如果斩断了生命码头上牵引的绳索，我们就有机会重塑生命的轨迹，让生命的河流奔流不息。

从传统事业的角色中转身投入个人成长的旅程，是我为自己的生命做过的最负责任的一次选择。

2009年9月，为感谢同学对我的支持，我参加了她推荐的一个全球较出名的个人成长学院的心理课程，从此开启了我全新的生命旅程。5天的热身课只能用“震撼”来形容，我的身心都被撼动了，唤醒了我沉睡、固化、机械、自动导航的心灵。

之后的15年，我就是传说中的“课虫”，除了加拿大Haven学院的3年专业学习训练，我还如饥似渴地学习体验各种门派体系的西方心理学、东方智慧心理学及内观禅修，以及正念认知和正念减压疗法的专业课程体系。

我越来越活出了生命本有的平静、自在和喜悦，从自我疗愈、自我成长到开始分享并支持身边的家人、朋友、职场高管、企业家、企业团队、辍学孩子家庭、留学生家庭……

我儿媳妇说，妈妈像蜡烛一样燃烧自己，照亮他人；

我孙女儿说，奶奶的优点就是最会发现别人的优点，最会帮助我们解决问题；

我心理学的同学说，她希望到我的年纪能活成我现在的样子；

我正念教育的伙伴说，因为我的看见，成为最懂她的那个人；

我的企业客户说，只要慧远老师一到，我们的内心就有力量和安全感。

……

大家都期待活出像我一样的生活态度。

2023年11月11日，我携手几位正念及心理学老师一起以"正念+"为基本模型，以家庭为单位，创建了正念一平方终身成长平台，陪伴家庭在正念的生活方式之下实现生命的蜕变和喜悦。

正念是存在之道、看见之道、领悟之道、爱之道。它能帮助我们在家庭关系中平和地处理分歧，从容地面对孩子的问题，共同成长。通过正念，我们可以将冲突转化为成长的机会，疗愈过去的创伤，转化痛苦感受和限制性信念。

醒来的我回望过去，心中充满了感激之情：

我感恩我的父母，不只是赋予了我生命，还在我成长的旅程中丰富和完整了我所需要的生命特质；

我感恩我的外婆，不仅从婴儿到童年都是外婆抚养我、照顾我，她也在完善我的生命特质过程中扮演了重要的角色；

我感恩与我一起度过童年的小朋友们，他们的尊重和信任激励着我，使担当和勇气成为陪伴我一生的生命特质；

我感恩我的前夫，带给我生命中最宝贵的礼物——我的儿子，同时也让我看见了我需要成长的空间；

我感恩我的儿子，在我最黑暗的日子里给了我一缕阳光；

我感恩我的弟弟，与我一起互相陪伴、互相支持、共同成长；

我感恩我的第一任总经理，给我空间去拓展和成长，他的信任成就了我的价值；

我感恩我的同学，推荐我进入生命成长的课程，她像宇宙派来的使者，开启了我生命新的篇章；

我感恩我的导师们，他们像明灯一样照亮了我的生命；

我感恩我的亲朋好友及相遇的同学和同修，他们让我感受到生命的连接和喜悦；

我感恩我曾经分享和服务过的有缘人，他们给了我机会分享和“种福田”，让我的生命有了光彩……

我们终将看见：**所谓的伤害，只是你当下的认知所产生的感受，并不是真相，底层都是因为爱**，正如当年外婆、母亲、父亲对我的深爱。看见底层爱的真相，我们便会心地开阔、智慧升起，生命也随之绽放，家庭幸福指日可待。

愿我们能有缘一起在正念生活方式中开启“生命码头”的疗愈与生命觉醒之旅，携手共创人间的丰盛、喜悦和富足！

梦想的力量：从贫困无力到生命导师的蜕变

魏丽（宝月）

“心力提升”教练

“自我和解疗愈”培训师

“爱觉醒内观心法”创始人

青少年自主学习公益项目发起人

梦想是指引我前行的光，它让我从自卑到自信，从无助到坚韧；梦想激励我在21岁时开创了自己的事业，拥有了45万会员；梦想让我在看似平凡的教育岗位上，帮助无数孩子找到学习的乐趣，实现他们的梦想；梦想更让我找到自己的天赋使命，成为一名生命智慧导师，助力上千家庭走向幸福与光明。现在，我想把这份力量传递给更多人，让他们勇敢追梦，活出精彩。

01 梦想的种子

我的梦想故事要从我的母亲讲起。母亲是一位聪明且坚韧的女性，从小学习成绩优异，老师特别喜欢她。母亲一直记得老师的恩情，心中也埋下了一个梦想：成为一名老师，像她的恩师那样，教书育人，给黑暗中的孩子们带去希望和温暖。然而，由于重男轻女的传统观念，母亲考上高中也无法继续学业，留下了深深的遗憾，而这个未竟的梦想也成为她心中的伤痛。

母亲希望我和弟弟能够好好读书，不要像她一样留下遗憾。她总是对我们说："一定要好好读书，读书可以改变命运。"我的心中便萌发了一个梦想：我要成为一名老师。这个梦想深深扎根在我心里，我想成为母亲的骄傲，替她完成未竟的心愿。这个梦想就像一颗种子，在我心中慢慢生根发芽，随着我的成长，它也越来越坚定。

02 梦想的转折

然而，命运似乎总爱考验那些心怀梦想的人。母亲因长期劳累而病倒，胃出血病危，需要马上做胃切除手术。这时母亲并不同意手术，她要保守治疗，能活下来就看天意了。在床榻旁，她对父亲说："好不容易赚了一点钱，把钱留给孩子们读书吧。"当我听到母亲在生死攸关时想的不是自己，而是我和弟弟时，那一刻我泪奔了，我感受到了母爱的伟大。我在心里发愿：一定要通过努力，改变家庭的困境，让父母过上更好的生活。

长大后，我到深圳寻求发展，才发现现实远比梦想残酷。每个月只有300元实习费的我，还要想尽办法筹钱，将钱寄回家。每当听到父母在电话那头开心地笑，我就觉得自己是世界上最幸福的人。

实习期满，我面临了人生的重大抉择。留在深圳意味着无尽的挑战，我身上没有钱租房，怎么办？我永远记得我去找深圳同学借宿的那个晚上，同学还在加班，我无处可去，只能在深圳的街头流浪，心中充满了迷茫和恐惧。

凌晨1点同学还没有下班，我在街头徘徊。昏暗的路灯下，一群喝醉酒的人摇摇晃晃走了过来，踢着易拉罐，吹着口哨，我害怕极了。夜里又下起了毛毛细雨，那一刻，我对自己说："我要活下去，我要快速找到安身之处，在深圳立足下来。"

生活的艰辛超出了我的想象。没有地方住，我深夜在大街上徘徊，甚至睡过地板；没有足够的钱吃饭，我和两个小姐妹只能吃一碗粉；为了省下公交车费，我穿着高跟鞋走很长的路去上班；下班后，我顾不上吃饭，匆匆赶去上夜大，不断学习提升自己。

每当我想放弃时，想到家中的父母和心中的梦想，就充满力量。我知道只有不断努力，才能从困境中走出来，才能改变命运。在经历了无数的挫折和艰辛后，22岁那年，我终于迎来了人生的一个重要转折点——在深圳创办了一家互联网培训平台，还拥有了45万会员，这个过程非常不容易。

"心怀孝心，胸怀梦想"，无论前路多艰险，都能转化为我无穷的动力。

03
圆母亲的梦想

在创业成功后，我内心深处的梦想之种依然在萌芽。儿时母亲未竟的梦想时常在我脑海中浮现——成为一名老师，教书育人，成为孩子们的一盏明灯，带给他们光明与希望，用知识改变他们的命运。久而久之，这个念头在我心中变得愈发强烈。**我渴望成为一名教师，去完成母亲未能实现的心愿。**

就在我深思这些念头时，我在一次公益夏令营活动中遇见了普宁南湖实验学校的江校长。他对我们的教育理念非常认同，并热情地邀请我到他的学校担任心理咨询师兼班主任。走进这所学校的那一刻，我仿佛看到了妈妈的微笑，她仿佛在心底对着她的恩师说："感恩您的教导，感恩您的栽培。我将您的精神传承给我的女儿，愿她能为孩子们带去光明和希望，助力他们学有所成，成为国家的栋梁之材。"

每次站在讲台上，我都希望能成为学生们的明灯，在他们学习和成长的路上，为他们点燃希望，赋予他们力量。

当我走进教室，看到孩子们专注于学习的样子，我的心中涌起一股温暖与欣慰。为他们的努力，我由衷地点赞。而每当我看到那些坐在最后排、眼神游离的孩子们，我的心中总会微微一沉。我不断思索着：我能为这些孩子们做些什么？如何才能唤醒他们的自信，点燃他们对学习的希望与兴趣？

在教学方面，我摒弃了统一的进度，而是根据每个学生的学习状况，制定个性化的学习计划。每节课，每个学生都有自己的进度和目标，他们自己制定学习计划，晚上进行复盘，把学习的主动权交给他们。学有余力的学生可以超前学习，基础薄弱的学生主要加强基础知识学习，夯实基础，建立对学习的信心，提升学习能力。

通过这种灵活的安排，学生们开始在自己的节奏中找到适合自己的学习方式，逐渐感受到学习的乐趣，打破“我不行”“很难”“做不到”的限制性想法。他们越学越有兴趣，课堂上你追我赶，整个班级在学习中如同游戏闯关一般，玩中学，乐在其中。

我把课堂交给学生，让他们自主学习、自主设定目标，面对每一个困难深入思考，同学之间互相交流切磋，而我们老师则适时点拨、启发……他们从被动学习变为主动学习，有的学生能够超前学习几年的内容。

每天早课，我们互相找优点，发现同学身上的闪光点和进步，及时给予鼓励和肯定，班级的学习氛围越来越好。当我看到一个个曾经落后的学生逆袭成长，找回学习的乐趣和信心；看到一个个优秀的学生不断进步，超前学习，在知识与智慧的海洋里翱翔，我感到无比幸福。感恩同学们助力我圆了母亲的梦想。

04
找到了自己的使命

能够为生命的成长引路，能够为他人带去希望和光明，我觉得这是世界上最有价值、最有意义的事情。我内心深处有一个强烈的声音在不断呼唤："我要做生命教育，我要成为生命导师，帮助更多人走出困境，让他们的生命更加自信地绽放，实现一个又一个的梦想。"

我找到了自己真正的使命！那一刻，我的内心充满了无比的兴奋与激动。我开始不断地与内心对话，感到自己的道路愈加清晰。在这一年中，我设计了"内观觉知清理"课程。通过教学，已经培养了百位内观觉知清理师（内观心理教练），他们正在帮助更多人通过与心对话，完成自我疗愈、自我成长，开启了自我创造的旅程。

一路走来，梦想始终引领我走出困境，走向光明，体验了生命中无限的可能性。我的下一个梦想是在全国开设1 000个内观心理服务站，助力1 000万家庭实现他们的梦想。

每一次个案咨询我都能在现场看到反转，从迷茫到清晰，从无力到充满信心和力量，从痛苦转化为爱与喜悦，一个又一个的生命在我面前得到反转，一个又一个梦想达成。我很幸运也很幸福能为更多人清理实现梦想路上的障碍，助力他们的梦想提前圆满达成。"心怀善愿，天必佑之"。如今，已有数百位志同道合的伙伴与我们同行。

回顾我的成长历程，我从一个贫穷无力、自卑怯弱的女孩，变成了一位内观生命智慧培训师。这一切，都是因为我心中始终怀揣梦想。正是这些梦想，点亮了我的生活，赋予了我无穷的力量。

无论遇到什么挫折，我始终坚信：心中有梦想，行动就有力量。每一个跌倒的瞬间，都是为下一次站起来积蓄力量。今天的我，不仅是自己生命的主人，更成为无数人梦想的助力者。愿每一个人都能心怀梦想，勇往直前，活出自己生命的精彩。

人生的故事很多，写下来才不遗憾

张大伟

北京回龙观医院正念静观医学中心护士长

国家二级心理咨询师

牛津大学静观（OMF）MBCT-L课程师资

当我们回首往事时，发现那些从未说出口的话和未完成的心愿都随着岁月被沉淀、埋藏，因为我们学会了在生活中赋予它们新的意义，并与自己和解。人生说长也长，说短也短，那些来不及被世人所知的故事，还是写下来才不遗憾。

01
坎坷的童年，叛逆的青春

我出生在东北的一个小镇，名叫那丹伯镇。父亲是知青，被当地人称呼为“小北京”，这个“小”字，一针见血地体现了父亲当时不被看重，甚至是被看不起的。北京来的知识青年，要力气没力气，要钱没钱，背井离乡，什么样的姑娘能嫁给他呢？和电视剧里一样，演绎了父亲和母亲的一场“山无陵，江水为竭，冬雷震震，夏雨雪，天地合，乃敢与君绝”的爱情大戏。

我出生后，父亲只瞥了我两眼，随口说：“名字就叫张大伟吧，之前想好的，原先以为是个男孩，现在来不及想名字了，就是它吧。”然后他就匆匆回到供销社加班去了。再后来，父亲对我也是不冷不热，照顾我的责任几乎是母亲一人在承担。每每聊起自己的经历，我都自嘲道："浮生有幸降尘寰，未料明珠暗投间。"

命运多舛，我3岁那年，母亲早逝，我被送回北京由奶奶照看。到了上学的年纪，我回到东北，然而一场大病，又被父亲抱回北京治病。医院打算放弃对我的抢救，觉得我没有活下去的可能，也不再提供血浆，但是父亲和三叔坚持轮流为我输血，在第六次输血后，我死里逃生，活过来了。

大病痊愈之后，爷爷没再舍得让父亲把我带走。在爷爷奶奶身边，在一大群人的关心里，我仍感觉那么孤独甚至活得卑微，因为这一群人里，唯独没有妈妈，于是看书成了我消解孤独的方式。直到我小学毕业前夕，父亲带着继母和同父异母的弟弟回来了，全家终于落户北京。

面对这个陌生的家庭，还有父亲经常故意高抬的下颌，佯装不看我，我如何也不能把那个抱着奄奄一息的我痛哭的男人与他联系到一起。我的反应就是逃避，用逃学、装病来抗议，逃到公园小亭子里看小说，我始终无法融入这个家庭。

中考结束后，我坚决放弃读高中，选择护校，因为我想早点工作，经济独立。在那个年代，中专的录取分数也不低，上学后不仅有助学金，还包分配工作。早点逃离那个家，是我当时的目标。

02
一份不被看好的工作，却让我如鱼得水

护校毕业后，我被分配到一家三甲医院工作，但这是一家精神科医院，我护理的都是精神病人。在20世纪90年代，精神病人被歧视导致这里的医生护士也被另眼看待。

在一个团队里工作，我仿佛置身于一个大家庭，带教老师的温和与慈爱，唤醒了我潜伏在孤独内心中的炽热。我小心翼翼地照护患者，柔声细语地安慰他们，在精心耐心的护理下，患者精神状态逐渐好转，对我也非常友好。

有一次，我忙完工作后口渴得不行，叨唠着“真想灌一大杯水”。一个平时行为怪异、经常自言自语的老奶奶颤抖着举着她的杯子走过来，“姑娘，喝我的吧，我这是凉白开，解渴。”那一瞬间，仿佛她就是我的奶奶，慈祥可亲，她怪异幽怨的眼神在那一刻是明亮的、温暖的。

就这样在照护患者，也被患者关爱的氛围中，我越来越喜欢这份工作。我开始好奇他们为什么会得精神疾病，好奇他们的幻听、妄想是从哪里来的，会对他们有什么样的影响。因好奇我会去翻阅一些相关专业书籍，这也是我从小喜欢看书留下来的好习惯。

精神疾病专业和心理学关联最紧密，因为好奇，我开始阅读心理学部分的内容。知识的积累，让我开始越来越了解患者、理解患者，在工作中也就更得心应手，甚至并未特别感受到其他护士所说的压力或者烦躁。

那时，我有一个梦想，就是能到医院的心理干预热线工作，直接面对来访者为他们解决心理上的困扰，可由于各种原因，未能如愿。可是我有较强的职业认同感和工作能力，还是受到了重视和培养，在就职的医院竞聘护士长岗位时以出色的专业能力胜出。

03
日积月累，机会是留给那些有准备的人

医院为医护人员提供了很多学习平台，经常引进各种培训，但我那时候年纪太小，不太能真正静下心来学习，直到结婚、生子。孩子上学后，我才慢慢沉淀下来，但更多时间放在了孩子身上。后来孩子上了初中，我的时间变得宽松起来，便开始参加各种培训班，学习“中法精神分析”“中巴温尼科特精神分析”“戏剧治疗”等课程，还考取了国家二级心理咨询师，后来又接触到叙事治疗，并专注于此。

在全球公共卫生事件期间，领导为缓解护士的工作压力，让我们参加了线上减压培训课程。也就在那时，我接触到了正念。**我跟随着老师的指导语，在一吸一呼的练习中，觉察呼吸**

时身体变化明显的部位，专注力从无法集中、常常分心，慢慢地变得心平如湖水。即便内心偶有涟漪，却也只是微微荡漾一下后又很快回归于平静。

正念练习有时似乎又没有为我带来明显的变化，或者只是微微感觉到身体有些松弛。好奇心再次驱使我在这个新的领域探索，我跟随着音频做正念练习，把自己的感受分享给同伴，和同伴一起探讨以及感受情绪微妙的变化。

之后我开始报名学习正念认知疗法八周课，也就此开启了正念学习之旅。很多人不理解，我为什么学习“打坐”，甚至觉得“你花钱就是去学习怎么呼吸的吗”，说不解是友好的，其中也不乏嘲讽。

奇妙的是，正念练习让我对生活和工作变得更积极了，我仿佛从聒噪中穿过，就像给心灵做了一次深呼吸，身体被重新赋能，更能留意到美好，即便是一丝丝、一点点的美好。随着学习的深入，我了解到关怀自己与关怀他人具备同样的重要性，不再为获得赞美而耗竭自己，不再渴求通过他人验证自己是否有价值，做事越来越沉稳，不急于去争辩。

我的幸福感提升后动力自然增加，面对压力与挑战，我积极面对。因工作需要，三年间我被调换了六个工作岗位，凭借着工作经验和过硬的技术，以及善于沟通和保持一颗学习的心，我很快适应每个岗位并出色完成工作，这也迎来了机遇，我被任命到正念静观医学中心做护士长。

在适合的岗位做喜欢的事，在职场上这也算是一种幸运，带着这份幸运和感恩，我认真工作，继续带着好奇心生活，在阅读中提升，学以致用。渐渐地我在工作上小有成绩，科室主任也是一位正念培训师，在她的带领与帮助下，我在新的平台上拓宽视野，在正念领域中积极探索并应用于工作、生活中。

我受邀参加北京护理学会的心理培训班的授课，也会到各个医院分享正念技术在临床护理工作中的应用，筹备了医院护理人员的正念团队并负责组织活动，与正念在其他领域应用的团队合作，并开始带教全国各地前来进修学习的护士。

在医院的严格审核下，我接到了获得心理咨询门诊出诊资格的通知，那个曾经想在心理干预热线工作的梦想，此时算不算实现了呢？

04 有你的倾听，故事就有了意义

曾经父爱如山，后来我逃离了山，只因无法与山上其他人共存。如今，父亲渐渐老去，岁月悄无声息地在他的脸上留下了痕迹。我不敢去触碰那干涩的面庞，儿时的记忆又涌现在眼前：我抱着父亲大大的脑袋，用小手拍打他油腻的脸，嫌弃地躲避他的亲吻：“臭丫头，爸爸好想你啊。”

我曾在多年间反复去思考，对女儿宠溺的表情为什么会变成另一副冷漠的面孔。但是现在，我不再去努力寻找答案，《自我关怀的力量》中提道：痛苦 × 对抗 = 折磨。正念让我学会了停止抵制与思维反刍，用非评判的态度对待所有体验觉察，接纳不愉快，允许一切发生，然后静静地等待它们自生自灭。

此刻我就仿佛坐在你的对面，感受到你的注视，你呼出的气息，温热的、轻柔的。我的故事，有开头，但没结尾，我带着回忆、思念、向往，幸福地讲述我的故事，有你安静地坐在那里听，我的故事便有了意义，那是你赋予的，我只负责讲……

35岁，重启追梦人生

吕鑫鑫

育人育己的高中物理教师

持续学习，践行国学经典智慧

希望成为心理疗愈师

梦想，宛如人生中璀璨闪耀的星辰，始终指引着我们前行的方向，赋予我们无尽的动力与希望。

01 何为梦想，我以前一直不懂

我成长于一个不起眼的小县城——山东省聊城市冠县，这里的生活犹如一潭平静的湖水，波澜不惊。我家中的经济状况平平，在这个小县城里也仅仅能够维持基本的生活需求，家人对物质没有过高的奢求，生活显得那样平静而单调。周围的人们似乎也都习惯了这种平淡如水的日子，对于生活没有特别高远和宏大的期许，只要有食物果腹、有住所安身、有工作可做，便心满意足。

我沿着大多数人所走过的人生轨迹，按部就班地从幼儿园一路走到大学。然而，对于上学的真正意义，我却从来没有认真地思考过，不知道自己长大后究竟应该成为一个怎样的人。

记得在我年幼的时候，父亲曾问过我长大后想要做什么，我随口说出了从课本上看的一个名人的名字，其实内心毫无概念。还有一次，在初中的英语课上，老师询问我们长大后的理想，我看着老师回答说想当老师，老师语重心长地对我讲了当老师的艰辛与不易，这让我对未来感到更加迷茫和困惑。长大后到底要做什么呢？我始终未能找到属于自己的明确答案。

大学毕业前夕，看到许多同学都准备考研，我便也盲目地加入了考研的大军，后来调剂进入湘潭大学物理学专业读研。研究生毕业后，我面临着职业的抉择，最终回到了县城，通过考编成为了县一中的高中物理老师，一届又一届的学生在我的教导下度过了他们的高中时光。

三十年的光阴如白驹过隙般匆匆流逝，回顾往昔，我虽然幸运地没有经历太多的波折与风浪，但一直活在家人和社会所设定的标准之下，成为名副其实的“乖乖女”，没有自己真正的主见和追求。

在这过程中，我常常会感慨：人生似乎不应只是这般按部就班，不应只是为了满足他人的期待而活。我开始反思，我为何没有勇气去追寻真正属于自己的道路，为何总是在他人的影响下迷失自我。我渐渐明白，**人生是自己的，只有勇敢地去探索、去尝试，才能找到真正的自我和属于自己的价值。**

02
孩子，成了我人生转变的重要契机

我29岁那年，迎来了生命中的第一个孩子。面对这个新生命的降临，我满心欢喜，暗下决心要将我小时候未曾享受到的一切都给予他。

于是，我开始疯狂地加入各种学习群，购买各种各样的育儿课程和启蒙课程，在各个育儿软件里充值会员，还购置了大量的绘本。我近乎疯狂地买买买，然而，内心的焦虑却依然无法得到有效的缓解。我总是担心自己无法将孩子养育好，担心不能给予他足够优质的生活和教育。我在各个群里游离，看到好的东西就迫不及待地购买，无论是课程、绘本还是玩具，生怕错过任何一个对孩子有益的信息，少买一样东西就仿佛会让孩子失去很多机会。

渐渐地，家里堆积的物品越来越多，有些甚至蒙上了厚厚的灰尘，而我购买的那些网课还没来得及上，就已经下线了。我拥有很多的资源和方法，但就是难以付诸行动，每次下定决心后没几天，又会回到原点，陷入无尽的循环。

我开始反思自己的人生，继续努力地去寻找解决问题的方法，学习家庭教育、心理学、儿童感统训练，还报名参加各种考证培训。然而，那些证书对于我来说仅仅只是一张纸而已，我并没有真正地从中学习到实用的方法，生活中的问题依然没有得到有效的解决。

随着二宝的出生，我变得焦虑起来，常常为家中一些琐碎的小事争吵和抱怨，内心充满了矛盾和痛苦。面对这些问题，我选择继续出发，寻求解决的方法。

我很荣幸，我遇到了古老东方的国学经典智慧，我所遇到的一切人事物都源于我曾经在意识中种下的“种子”，让我看到眼前的场景。老师问：“你家是不是这样的场景——你老公在骂孩子，你又在骂老公？”

我当时听到后彻底蒙了，是呀，我家就是这样，原本我以为我一点错都没有，错都在他人身上，原来我才是错得最深的那一个，是我在创造着我眼前的场景。**我需要通过改变自己的行为、语言、意识念头，做真正正确的事，创造我想要的环境。**

这是我第一次真正地向内审视自己，当我开始做出改变后，周围的人和事竟然真的开始慢慢地发生变化，我成功地营造出了一个和谐的家庭环境，老公也变得更加积极向上。

孩子，是我人生转变的一个重要节点。我深刻地感悟到，孩子的到来对我来说不仅仅是一种责任，更是一种推动自我成长的力量。他们让我看到了自己的不足和局限，也让我有了改变的动力和勇气。

03
35岁，开启追梦人生

在35岁这一年，我的人生迎来了第二次重大的飞跃。在实现了一些大小目标之后，我又陷入了一种摆烂的状态。虽然定了目标，却不知道该如何去做，也无法真正地行动起来，每天只是沉迷于刷手机，内心一边谴责着自己的这种行为，一边却又继续重复着刷手机的动作，各种负面情绪如潮水般在内心涌动。

后来，我实在无法忍受这样的自己，开始与老师进行深入的沟通。通过几天的体验和觉察，我突然发现自己这么多年来其实并不是真心想要成为一个妻子、一个母亲，而更像是一个被安排了任务的孩子，心中充满了抱怨，但依然在机械地做着这些事情，就如同我一直以来都是按照别人的标准和要求在生活。

现在我已经35岁了呀，我还要这样继续下去多久呢？

我要为自己而活！

在这一刻，我真正地拿回了属于自己的力量，开始坚定地行动起来。

我开始学习水彩画，没想到自己竟然有着意想不到的艺术天赋，享受于水与颜色的交融、沉浸于作画的过程，那一切的不确定，都是那么美好、治愈。我画出的作品得到了很多人的认可和赞赏，我想这份热爱我会一直持续下去。

我开始认真地整理和收拾家里，原来我的家也可以如此美好和舒适！我第一次为自己买了一束花，摆在了客厅，一个新生命就这样在绽放。

一切美好的事物都在向我招手，向我展示着生活的无限可能！ 35岁，我给自己的生命一次重生的机会，开启了属于自己的追梦人生！

我更加珍惜每一个当下，因为每一个瞬间都是我们生命的组成部分，都有着独特的意义和价值。我更加用心去感受生活中的点滴美好，用爱去拥抱这个世界，让自己的人生充满色彩和温度。我相信，只要我们保持对生活的热爱和对梦想的执着，未来的道路必将充满希望和光明。

人生的转变往往源于自我觉醒和勇敢行动。当我们敢于直面内心的真实想法，敢于突破舒适区去尝试新事物时，我们才能真正发现自己的潜力和价值。不能总是被外界的声音和期待所左右，要倾听自己内心的声音，遵循自己的节奏去前行。

著名心理学家卡尔·荣格说："每个人都有两次生命，第一次是活给别人看的，第二次是活给自己的，第二次生命常常从四十岁开始。真正的人生从四十岁才刚刚开始，在那之前，你只是在做调研而已。"所以，无论何时开始追寻梦想都不晚，只要我们有坚定的信念和不懈的努力，就一定能让梦想之花绽放。

人生没有尽头，只有不断前行的过程。无论何时何地，我们都要珍惜当下，感恩生活，勇敢地追求自己的梦想和幸福，让人生变得更加丰富多彩、富有意义。我们不能只是随波逐流地活着，而是要勇敢地去追寻自己心中的那片星辰大海！

每一颗种子播撒进土壤时，都带着开花的梦想

盈君

擅长心理学牌卡解决问题的高级心理解压师

深耕于数字色彩理念的高级心理绘画分析师

热衷于课程开发设计的高级人力资源管理师

春有百花秋有月，夏有凉风冬有雪。你有故事我有茶，青山绿水间，围炉而坐，闻香喝茶听您诉说。

我是盈君，一名心理咨询师，我所在的城市，江作青罗带，山如碧玉簪，我等着你来，喝上一杯舌尖上的瑶家非遗油茶，怀一颗素心，慢煮光阴，静看人生四季花。

01 平凡又拧巴，我以为自己这一生会一直如此

当我独自坐在五彩的热气球里，在天空中翱翔，鸟瞰卡帕多奇亚的壮美风光；当太阳缓缓升起，第一缕阳光照射在我的脸上时，我看到了过去的自己……

我看到四岁的自己在幼儿园和老师吵架，为此，不愿意去幼儿园。

我看见五岁的自己被爸爸妈妈关在家里，踮着脚尖打开窗户，从窗台爬到外面，一个人在山边晃来晃去。

我看见六岁的自己捏着妈妈给我的学费，站在老师办公室外面，不敢鼓起勇气跟老师说，我想读书。我依依不舍地转身在回家路上的一家小卖部，用我的学费换了一盘蚊香。妈妈气

得拿着蚊香跑到店里退掉并换回了学费。

我看见七岁的自己勇敢举手回答老师的提问，因为黑板上的字我全部认识，所以我一口气全部念完以为会换来老师的鼓励，结果被老师批评说不应该全部念完。

从此，我不愿开口说话，也不愿意举手回答问题，每次被点名，我感觉大家在嘲笑我，我的双脚不停地打战，我的心感觉就要跳出喉咙。我害怕周边的人嘲笑我，我害怕被老师批评。

我又看见八岁的自己和同学一起玩，我每次开口说话时都会被朋友打断，很难完整地表达自己的想法，所以更多的时候我只是一个倾听者。我很挫败，我觉得我失去了表达的能力。

我看见九岁的自己把门反锁不让家人进来，一个人站在窗前流着眼泪。

我看见十岁的自己因为没考好，怕被爸爸妈妈打，躲在床底睡着了。

我看见十一岁的自己出走，在自以为离家最遥远的路上，认为没有人会真正爱我。

我以为我的性格会一直这样平凡又拧巴，挣扎又孤僻。

02
撒下种子，静待时机梦想终究会破土而出

初中的时候，班里转学来了一个同学，坐到了我前排。他

常常会转过头和我聊天，有一天他说："我觉得你特别善解人意，适合当心理咨询师。"

心理咨询师？我还可以当心理咨询师？据说心理咨询师可以察言观色，疗愈他人。我这样平凡无奇甚至连话都说不利索，难道不应该是那个被疗愈的小孩吗？居然也可以疗愈他人？

但是，这颗心理咨询师的种子慢慢种进了我心里。万物都有裂痕，那么拧巴的心，却让这道光照了进来。暖暖的光照在这颗种子上，种子一直积蓄着能量努力想发芽。我一意孤行，高考第一志愿填报了一所北京高校的应用心理学专业。结果我没有被录取，最后读了一个管理学的冷门专业。我想做心理咨询师的梦想直接被掐断在萌芽阶段。

日子一天天过去，工作忙碌又枯燥，转眼我大学毕业快20年了，我甚至忘记了我曾经有过这样的梦想。

我开始在家待着闭门不出，每天就是玩手机刷视频，忽然有一天，我刷到了关于心理解压的课程，一种喜爱之情从心底蔓延。我通过系统学习并参加考试，取得了第一张与心理咨询相关的证书——高级心理解压师证。

原来藏在我内心深处的那颗叫作心理咨询师的梦想种子，一直在那里努力撬动土地，长出一些嫩芽。原来年少时候种下的种子不是不会发芽，**只是它带着梦想，在破土而出之前，要对即将来临的烈日炙烤、寒潮侵袭、无数风雨做好准备，学会静待时机**。每颗种子的生长周期不一样，神奇的是，当你遇到机缘，你的潜意识就会帮助你抓住这些机会，当你非常坚定且清晰地要朝着一个方向走，想去努力完成一件事的时候，全世界都会为你开路。

念念不忘，必有回响。深耕在灵魂深处的种子，终会破土而出。

03 唯有热爱，才能抵岁月漫长。

机缘巧合，我还学习了德国心理潜意识投射工具OH卡，并成了德国OH卡解读师，我带领着自己乘着时光机，穿越过去那些不快乐的童年。我看见那时的自己那么弱小，那么渴望被爱、被看见和被鼓励，每次想要表达自己的想法和愿望时，却止步于别人的眼光和自己的胆怯。

看见就是改变的开始，我不停地和自己对话，不停地问自己接下来如何？接下来我要做什么？我可以做什么？

现在的我走向过去自己，拥抱那个很拧巴、很弱小、很受伤的自己，我允许自己不完美、内向孤僻、高敏感、情绪化；我允许自己如其所是，那些都是我成长的必经之道，我也爱过去那个拧巴的自己，很特别，很有个性。

原来唯有向内不断探索，照亮我们的潜意识并呈现它，才能找到自己最深的恐惧，然后面对它。看见，才能有机会改写你的人生。

我忽然发现在和过去的自己对话过程中，得到了疗愈，学会了共情他人，可以自然地向其表达出我的感同身受。我以为那些拧巴的过去，会影响我的心境，却发现这样的我很好地拉近与来访者的距离，能更加快速地帮助来访者整理自己的内心世界，深入了解他们的潜意识，探究他们的心理动机，让其在安全的领域里，情绪得到表达。

我开始变得更加勇敢，在助人的道路上我找到了人生意义。我热爱心理咨询这个领域，愿意继续努力深耕。经努力，我取得了心理咨询师资格证，我觉得我所学到的知识远远不够，我又继续学习心理绘画分析以及曼陀罗绘画解读，最终成为一名高级心理绘画分析师；我对萨提亚的冰山理论①的“七个层次”非常着迷，通过学习萨提亚课程，并成为一名高级萨提亚心理咨询师。

从2022年开始，我发现教练技术以及催眠技术在心理咨询中非常好用，能够让来访者降低焦虑，在放松的环境中探索潜意识并做到自我暗示。我学习催眠技术，通过考试取得了高级催眠师资格证书。我还学习了多种辅助心理牌卡的知识，获得

---

① 冰山理论：是萨提亚家庭治疗中的重要理论，实际上是一个隐喻，它指一个人的“自我”就像一座冰山一样，我们能看到的只是表面很少的一部分——行为，而更大一部分的内在世界却藏在更深层次，不为人所见，恰如冰山。包括行为、应对方式、感受、观点、期待、渴望、自我七个层次。

香港职业牌卡解读资格认证。这一切的一切，都增加了我心理咨询学习的宽度。

我帮助有抑郁症的来访者舒缓情绪；帮助厌学的中学生看到自己的优势，并找到自己的方向；帮助在学校被误解早恋要求回家写检讨的绝望女生；帮助一直无法和父母和解的来访者梳理自己找到和解的方式；帮助不敢跟父母表达需求的孩子勇敢地表达自己。我通过孩子的绘画，找出刚上初中的孩子害怕住校的原因，针对性地给出了相应的建议，帮助他们摆脱因离家住校而产生的心理焦虑。

当我发现自己那点微薄力量可以帮助他人解决心理上的问题时，忽然觉得自己的人生变得很有意义。在不知不觉中，我感觉自己的内核变得更加稳定，眼里开始有光，内心变得坚定而又松弛。果然，美好人生的关键——唯有热爱，可抵岁月漫长。

“水是眼波横，山是眉峰聚。欲问行人去那边？眉眼盈盈处。”我就是盈君，一名心理咨询师。

给梦想一次开花的机会

王美琪

平衡膳谷创始人

中医体质营养师

国家二级心理咨询师

居家智慧养生发起人

每次回首，看自己曾走过的足迹，我都由衷地感叹，曾经的梦想都在现实生活中按下了确认键，让我更加确信我可以，我就是最棒的！

我想要告诉大家的是：**无论你曾经经历过什么，请相信你自己可以找回心中最初的那一束光亮，给梦想一次开花的机会！**

01 最初的梦想

我，一个农村女孩，曾被邻里称为“哭精”和“老蔫”，但内心却怀揣着不为人知的梦想。我没有上过幼儿园，第一次走进学校时被二伯在讲台上的风采深深吸引。那时，我心中种下了成为教师的梦想，渴望将知识传递给每一个学生。

我家是村里第二个拥有黑白电视机的，电视上的女兵形象让我心潮澎湃，我时常梦想着穿上军装，英姿飒爽。小学毕业时，我以第一名的成绩进入镇上的一所中学，想通过努力学习，考上理想的大学，实现自己的梦想。

然而，好景不长，家庭的经济压力让我的梦想蒙上了阴影，母亲告诉我家里负担不起我继续读书的费用。我虽心中有梦，却不敢向母亲表达继续求学的愿望。因此我初中毕业，就走上了社会去深圳打工。那时我内心萌生了继续深造学历的想法，但现实并不如想象中美好。我在工厂做质检员非常忙碌，根本没有时间读书。三年后，我回到了家乡。

我人生的转折点是跟随丈夫来到长春，每天起早贪黑批发蔬菜。生活虽有起色，但长期的不规律作息给我和丈夫带来了健康问题。

虽然工作很忙，但我仍会尽力教育女儿，希望她能实现我未曾实现的梦想。我给她上口碑很好的学校，学习各种课程，在女儿很小的年纪让她学会了很多知识。但是我没意识到这其实是把自己曾经没有实现的梦想、没有得到的东西强加在女儿的身上。我的做法换来孩子上初中以后强硬的对抗，当时我到处给女儿找老师希望改变她，结果可想而知。我终于恍然大悟，我控制了女儿，我打着爱的名义把孩子当成完成自己梦想的工具。

所以把梦想寄托在孩子身上的想法并不是正确的。我逐渐感觉人生真的生无可恋，不止我的心理出现了问题，我的身体也随之出现了问题。我更加焦虑与迷茫，人生只能这样了吗?

02 梦想的梯子

儿子的到来可以说是我追逐梦想的一把梯子。

2015年，我本想调理一下身体，没想到意外怀孕了。儿子的到来彻底改变了我的生活轨迹。说真的，一个孩子已经让我心力交瘁，不敢再要孩子了。考虑到各种因素，我决定留下这个孩子。

怀孕生娃让我停下了每天忙碌的脚步，儿子的降生让我重新审视了自己的生活，我不想做一个闲在家里的人。在儿子出生的医院我结识了一位医生，调理好了我的身体。她的一番话让我的心萌动了，她说："你不但可以让自己与家人健康，还可以用手机边带娃边赚钱。"她让我接触到了另一种生活方式，在她的引荐下，我结识了改变我以往认知的人生导师。

在这个过程中我没想过太多，只想着自己与家人健康，我就非常知足了。**当你没有任何期待，带着爱前行时，老天会给你丰厚的礼物。**

怀里抱着六个月还在吃母乳的儿子，我开始了我的健康分享之路。在这条路上，我与其他人的不同点就在于我热爱学习。记得我第一次在微信群里发言，还是个紧张到语无伦次的新手，但随着我站在讲台上不断地讲自己的创业故事，我发现曾经的"老蔫"，现在也可以侃侃而谈了。我脸上的笑容越来越多了，赚钱也变得越来越轻松了。

此时的我，慢慢地觉得我也是可以的，当有一点成就时我虽然有点小骄傲，但没有停止学习的脚步。我如痴如醉地学习健康知识，有时一学就会忘记睡觉，爱人看着我努力精进学习的样子，会心疼会劝阻，但我感觉我找到了最初要完成梦想的劲头。

几年下来，我不但赚到了第一桶金，在心理学、营养学、中医体质学等方面，我也考取了大大小小各种证书。这时，我的事业却出现了波折，很多对未来美好的憧憬又破灭了。但此时的我身边多了很多支持与鼓励我的家人与朋友，我慢下来问自己：你到底要奔向哪里？

在这些年不断学习的过程中，我看到了作为健康从业者的不足，很多时候并不被社会所认可。但我们的健康不只是要身体健康，更要心理健康，每个人都是独特的，在身心健康方面也是如此。

我开始去寻找我这些年在实践过程中遇到的卡点，希望能找到真正帮助我解决这些问题的平台，却遍寻无果。我知道这是我热爱的，也是余生愿意分享的事业。没有人搭建这个舞台，那我就开辟一条属于自己的路吧！

03
绽放的梦想

带着自己勾画的梦想，以及希望能帮助更多人解决当下很多家庭实际问题的想法，在爱人的助力下，我开始创立符合我心境的也符合当下人们真实所需的身心健康家园。

当你清晰地知道自己要去向哪里时，有使命感时，即使路上有荆棘你也无所畏惧。启动自己的内力，你就会逢山开路、遇水搭桥。和我同频的一些人也相继出现在了我的生命中，她们无所求，只是默默地帮助我。我相信我的未来无限好！

记得当时创立平台之初，很多大的平台由于各种原因都相继消失，何况我才刚刚起步。我当时心量也很小，遇到难题我也会默默哭泣，但这并没有让我放弃最初的愿望。一次次经历让我快速成长起来，心量慢慢变大，很多事可以轻松应对，平台也在这个时期站起来了。想想当时，我没有因为大环境而影响自己前进的脚步，真的也感恩自己的这份坚持。疾风暴雨不能把石头滴穿。一切都需要有耐心，只要方向对了，没有到不了的岸。真是应了那句老话“石靠水磨，人靠事磨”。

我走进健康领域有10个年头了，我深深明白心理健康有多重要，所以这10年里我也在深耕心理学，不只是探索生病背后真正的起因，还帮助更多家庭去洞见人际关系的卡点和财富的卡点，并成立了“家文化膳谷学院”。因为我曾经在人际关系里、健康里、财富里受困，当走出来时更清楚一个家的环境对健康的影响不可小觑。所以想健康，家的幸福指数要提升！

在大量的实践中我看到每个生命的独一无二，因为这个世界上没有相同的两片树叶，更没有相同的两个人，所以我们提供个性化的养生服务，我们有超强的服务团队，这支服务队伍每天带着爱前行。未来，我会朝着“膳谷幸福养老院”进军，让幸福继续传递！

我儿时的梦想照进了现实，我每天都在线上线下进行宣讲，成为大家口中的专业老师。对于穿上军装的梦想，我发现儿子在很小的时候一听到国歌声或见到军人就本能地敬礼。幼儿园老师问他的梦想是什么时，他竟然说“我要成为军人，保家卫国”。

我将喜欢的中医融入事业中，我感受到了自身的价值与意义，让我更珍惜生命中的每一个瞬间。我要用我的生命影响更多的生命。

梦想，是心中那抹最亮的光。它如同指南针，指引着我们前进的方向。在追逐梦想的路上，我们或许会遇到风雨雷电，或许会遭遇坎坷泥泞，但只要我们心中有光，就能照亮前行的路。

正如诗人泰戈尔所言："梦想不是眼前的巨人，而是远方的楼阁。"只有不断攀登，才能抵达那里。让我们一同向着远方追逐，给梦想一次开花的机会！

从困境到绽放：助人成就自我的梦想之旅

梁浩萍

英国官方博赞思维导图（高级）管理师

中国科学院心理研究所认证心理咨询师

教育部电教办认证心理疗愈师

01 坚韧成长只求独善其身

小时候，我家境一般，用了多年的破旧单车，成了同学嘲笑我的由头。刺耳的嘲讽声不绝于耳，我只能默默加快脚步逃离。深知资源有限，我选择默默接受，却暗自下决心在学习上狠下功夫，立志出人头地。

初一时，身处全年级最差班级的我，凭借认真学习，首次考试便在班里斩获第二，年级排名第14，我的照片荣登宣传栏。我独善其身，迎来了人生首个高光时刻。

02 助人坐上幸运顺风车

初三时，身为物理课代表的我，面对同学们对知识求而不得的失望感，我毅然尝试放学后和同学们讨论学习疑问点、共同进步。我们齐心协力，一年的时间班级成绩从年级末尾跃升至榜首。我一模成绩为年级第二，中考后顺利升入区里最好高中的重点班，同班4名同学也一同考入该重点高中。助人后，共同的成就感和持久的喜悦感远超过独善其身取得成果的快乐，我感到振奋。

初中时助人带来的成就感，让我满怀期待地踏入了高中校园。然而，置身重点班，激烈竞争中的我再度陷入困境，一贯努力的我，成绩却惨居全班末位。课堂被提问时的紧张与羞愧我至今仍历历在目。

直至高三我成为生活委员，负责班级卫生和班费管理让我拥有了更多服务同学的契机，也因此收获了同学的喜爱。这段“打杂”的经历，减轻了我人际关系的负担，并得到了他人的支持。我最终考上重点本科，成为家里首位重点大学的学生。

原来，助人就像坐上了其他人的顺风车，你会获得意想不到的幸运。从此，我谨记以助人的方式来获得自己生命中的成功。

03 思维导图点亮自信之光

高中时积累的助人经验和培养的内在力量，为我在大学的探索奠定了基础。

一次偶然，我被众多思维导图作品蕴含的智慧和思维魅力所震撼。高中被提问时无言以对的尴尬，让我极度想学会表达自我。思维导图，点亮了我的自信之光。

我探索着每门考试前借助思维导图来梳理知识，成就感日益增强。大二时我成为朋辈心理辅导员，用思维导图准备发言稿，助力新生适应大学生活，自己也变得越发自信。

怀揣着自信表达的渴望，学习演讲后，我在大学主讲了有百人参加的“放下过去，阳光同行”心理讲座。我还到初中母校开展了主题为“关爱他人，感恩人生”的千人演讲。演讲前，我用思维导图规划演讲的故事、物资、人员安排、流程等，做到胸有成竹。

通过两次演讲，我在帮助学弟学妹们更加了解心理相关的知识的同时，积累了自信表达的经验，再次坐上了梦想的顺风车，开启思维导图讲师的人生新篇章。

大二，我成功考取了思维导图兼职讲师，获得了思维导图技能和讲师培训机会。对于深切渴望有出息的我而言，就像是被超级幸运大礼包砸中了。

我早已多次尝到了助人的甜头，我要让幸运继续下去。我精心绘制100多幅思维导图，仔细梳理授课要点，并积极与同学分享。在分享给他们思维导图这个新方法的过程中，我得到反馈，积累了大量经验。大三时，我去机构做文宣助教，参与到了思维导图的青少年课堂之中，课堂氛围活跃，孩子们积极拥着老师回答问题，这是我梦寐以求的人生舞台。

我还幸运地被邀请到世界脑力锦标赛中国赛场做裁判员，我见证了“最强大脑们”的实力。我的幸运助人顺风车再次启动，我与丈夫就是在这次助人经历中结识的。

本科毕业，我顺利通过面试，开启了思维导图的教学之旅。我在青少年全脑教育的夏令营的课堂中，教授几十个学生思维课程。孩子们兴高采烈地用思维导图以小组为单位分享未来世界的创新点子。我明白了，这就是我生命热爱的一部分。

在后期写“萍说思维导图”公众号分享思维教学心得的过程中，我曾在过万粉丝中吸引到80多位付费的思维导图成人私教学生，对他们进行小班教授以及一对一深入交流指导，跟进他们思维导图学习成果。

在教学过程中，我见证了许多令人惊喜的蜕变。一位42岁的油田工人，下岗后刚生完孩子，又遭遇家暴，生活陷入了无尽的黑暗。但通过学习思维导图，她重新找到了自信，在妈妈群里成为众人敬仰的榜样，还幸运地获得了一份营养师的工作机会，因此，她的人生迎来了重大转机。

有一位银行职员，写的文案多次被领导否定。学习思维导图后，她能够精准清晰地表达自己的想法，一次就写出让老板拍案叫绝的项目文案，不仅获得了独立运作项目的机会，还成功升职。

有一位老板秘书，之前总是无法理解和正确表达老板的思路。在上了我的思维导图课程后，她终于能以导图的形式清晰地梳理公司项目要点，再以文字清晰呈现出方案。因而，与老板的沟通变得顺畅无阻。

还有一位学校老师，通过学习导图，不仅更深度拓展知识体系，还在课堂中教会了学生用导图轻松记忆、理解、复习，从而轻松提升学生的学习成绩。

这些真实的案例让我更加坚信，**我用思维导图可以帮助学生有效梳理思维，并清晰地呈现思考过程，帮助他们更出色地表达自己，从而实现人生的价值。**我再次感受到了助人的欣喜和感动。原来思维导图带来的自信之光，不只是可以照亮我，我还可以用它照亮更多的生命。

我下定决心：什么照亮了我，我也要以此照亮世界。

04
心理疗愈开启新生之门

生活并非一帆风顺，我的挑战接踵而来。生完二胎后，孩子病重，又遭遇投资失败，家庭经济状况急剧下降，一系列打击让我的内心近乎崩溃。

但我深知不能就此消沉，于是持续学习，跟随众多资深老师学习思维和生命成长课程，包括思维导图高级管理师、生命教练、NLP国际执行师、亚洲经典智慧、心理疗愈咨询、家庭教育、天赋热情使命、梦想成真、心际迷宫、DISC授权讲师等课程。学成归来，在我把老师们的课程分享给几十名同学学习的同时，我的助人顺风车再次启动，我获得了自己想要的资源和成长。

后续在为400多位来访者进行天赋解读和心理疗愈咨询的过程中，我逐渐深刻地领悟到，限制一个人成长的往往是那些根深蒂固的限制性信念。比如，很多人认为学业不好就注定没有未来，家庭环境差就肯定无法成功……

我耐心地帮助他们打破束缚心灵的信念，引导他们重新审视自己的思维方式，疗愈内心伤痛，协助他们绽放天赋热情，活出自己的人生使命。在这个过程中，我也实现了自我疗愈，家庭关系变得和谐融洽，财富重新稳步增长。

05
平生之愿景助力十万人

助人之后我惊喜地发现，心理咨询与思维导图间有着千丝万缕的联系。在心理咨询中，我擅长运用NLP精准语言的方法，就如同在头脑中绘制思维导图一样，帮助来访者厘清潜意识中的复杂情绪和思维，精准地找到那些限制他们的思维关键因素。

我相信，没有真正的绝望，只有困在思维里的囚徒。

我渴望成为卓越的思维指导师和财富关系教练，帮助更多曾如我一般迷茫、自卑的人。衷心希望他们能拥有清晰敏锐的思维、自信流畅的表达，在人际关系中轻松自如，在财富之路上游刃有余。

回顾一路走来的人生，我深切明白：身处困境，不仅要独善其身、不懈努力，更要全心助人，这样才能更轻松幸运地实现梦想。未来，我将坚定不移地在这条助人助己的道路上阔步前行，运用积累的知识和宝贵经验，成就更多人的梦想，让自己的人生愈发充实且富有意义。

2014年，我将由我绘制的“我的梦想导图”发布在“萍说思维导图”公众号上，见证了10年间我的演讲梦、讲师梦、疗愈师梦的落地。本书的出版使我又迈出了作家梦的第一步。

下图是我协助大家清晰梳理自己梦想的思维导图模板，大家可按模板填关键词，让梦想变得清晰（见图1）。邀请你和家人一起写下梦想，加速梦想实现吧，10年后，你会感谢今天的自己为梦想启航规划作出的努力。

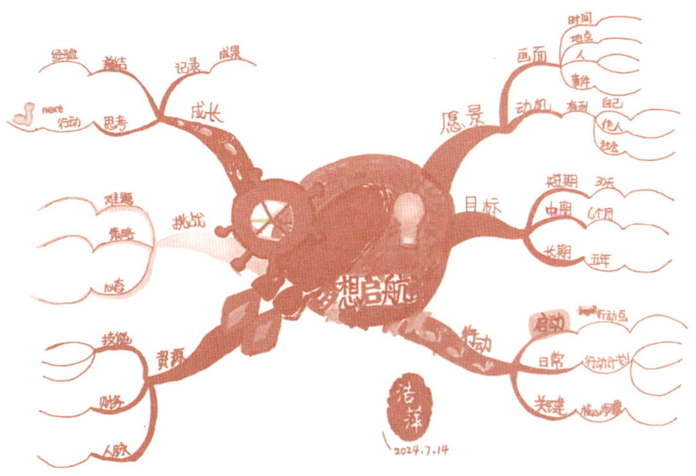

图1　梦想起航思维导图模板

好奇、携畏、聚焦：我的逐梦之旅

高笠

英国班戈大学正念中心正念减压（MBSR）课程讲师

英国班戈大学正念认知疗法（MBCT）课程讲师

读书会主理人

我曾无数次在脑海中勾勒，自己的人生究竟能邂逅多少心之所向的生活画卷，而我，也始终如一地探寻着内心深处那真正的渴望究竟为何，又该如何将其变为现实的璀璨星光。

01 保持好奇，驱动多彩人生

由于对数字怀有独特的情愫，我选择了财务相关的工作作为自己的职业。工作了几年之后，出于好奇，我纵身跃入注册会计师的考试洪流，并且顺利通过了6门专业阶段考试，却止步于最后的综合阶段考试。只因为我发现自己对会计师事务所的工作毫无热忱，内心的动力也如潮水般退去。对此，家人皆为我深感惋惜，然而我却未有丝毫的遗憾。

我喜欢学习，源于它能够满足我那无尽的好奇心。当看到“木马查杀师”这几个让我摸不着头脑的词汇时，我果断报名参加了李欣频老师的木马查杀师课程。木马程序这一概念最初源于计算机，它指那些表面上看起来有用的软件，而实际上包含恶意程序，潜入计算机系统后，在用户未知的情况下获取个人私密数据，破坏计算机系统。而人类木马程序是李欣频老师根据木马程序的特点结合人类实际情况而提出，它比喻人深陷困境难以自拔的状态。一旦人类木马程序入侵，人们会在毫无察觉的情况下被篡改潜意识、被控制自主性与行为。

在整个学习过程中，我的作业任务极其繁重，课程结束后还需要完成一份实习报告。我四处寻觅，通过自愿报名的形式找到了12位体验者。我们分别围绕自我价值、财富金钱、人际关系、健康生命4个主题展开个案咨询，最终成功撰写了一万一千字的实习报告。那段时间，时间紧迫得让人喘不过气来，但在最后限期前成功提交作业的那一刻，我的内心被满满的成就感所填满，那一年，我46岁。

经历了种种有趣的挑战，好奇心又将我引向了新的方向。每到年末的时候，各地总会有很多场跨年活动，这也再一次激发了我的好奇心。次年，也就是2018年的最后一天，我与方糖读书会的另外15名带领人携手合作，举办了一场近百人参与的线下跨年活动。

这场活动在最初几乎夭折，活动文案发布后，报名的人寥寥无几。经过几番请教和反思，我们发现活动失败的关键在于过度突出了读书会带领人。于是我们果断重新设定活动流程，将更多的舞台交予参与活动的朋友们。

那一天，在我们16名读书会带领人组织的方糖年会上，在擅长发掘生命故事的读书会带领人的引导下，我们有幸聆听了许多朋友发自内心的真情流露，还有众多朋友给予他人故事的温暖且充满智慧的回应。就在那一刻，我顿悟：只要愿意，在当下，你完全能够自主选择想要看见的风景，选择放下束缚的包袱。

在好奇心的引领下，我不断地涉足新的领域，体验着丰富多彩的生活。曾经，我怀揣着一个作家梦，却从未真正将其当真。直到看到欣频老师举办的写作营招生海报，那颗沉睡的梦想种子被唤醒了，于是我欣然报名参加并开启了属于自己的写作征程。

在大约两个月的时光里，无论是在静谧的夜晚，还是在晨曦初露的黎明，我都沉浸在文字的世界里，轻敲键盘，用心编织着属于自己的故事，书写了一部近8万字的自我成长小说。当沉浸在书写的海洋中时，我仿佛化身为一名神奇的创造者，将自己钟情的风景、向往的生活以及渴望成为的模样，一一通过笔尖生动地展现出来。

02 持续正念练习让我接纳恐惧，勇敢追梦

在追逐梦想的征途中，好奇心或许能成为你前行的助力，但倘若内心被恐惧所笼罩，它极有可能化作你前行路上的巨大绊脚石，让你踯躅不前，不敢踏出那坚定有力的步伐。

恐惧对于我来说，是一位再熟悉不过的老朋友，它似乎从

我的童年起就如影随形。小时候，我怕黑，一个人不敢走进没有灯光的房间，随后的岁月里它销声匿迹。然而，大约是在十年前，它却突然以一种巨大而骇人的姿态闯入了我的生活。

很多时候，它在我耳边喋喋不休地低语："你不行！""瞧瞧，你又把事情搞砸了！""你想开课，简直是痴人说梦，根本招不到人的！"这些声音在我的脑海中不断回响，让我陷入了深深的自我怀疑和不安之中。它们不仅把我所有的专注力吸引过去，使我无法专注于自己真正想要做的事情，而且还无情地摧残着我本就所剩无几的自信，让我在不知不觉中成了它的帮凶，不断地对自己进行攻击和否定。

面对自己不喜欢的感受，你通常会采取何种方式应对呢？我起初选择了抗争与逃避，绞尽脑汁地想尽办法去驱散它，然而，它却像深深扎根于我体内的顽疾，无论如何驱赶都纹丝不动。当我开始学习正念时，也曾假装接纳它，在心里默默地念着：我允许你的存在。但实际上，内心真正的想法却是：你赶紧走吧。这种自欺欺人的做法，自然无法逃过恐惧那敏锐的"眼睛"。

那么，究竟怎样才能做到对恐惧的真正接纳呢？我开始大胆地进行各种尝试。当恐惧气势汹汹地来袭时，我尽力保持清醒的觉知，直面地去感受它。伴随恐惧而来的还有各种纷繁复杂的念头和情绪。通常它们三者之间会相互印证、不断加强联结，形成一个强大的飓风旋涡，试图将我卷入那可怕的风暴之眼。这个时候，我继续保持觉知，尽可能不让自己被卷入其中，专注于观察自己的呼吸，用心感受身体的感觉，就这样静静地看着它们，不做任何评判，这样才真正做到了允许它们在当下出现，允许它们就是这个样子。

我终于学会坦然地接纳恐惧，它是我人生中重要的课题之一。我的恐惧源于想要从他人那里得到认可，源于我的价值感建立在他人的评价之上。持续的正念练习让我看见之前我赋予了恐惧太多的力量，实际上，它并没有想象中那么可怕、那么不可逾越。

如今，恐惧的感受仍会时不时地冒出来，但我已不再被它所左右，我开始更加清晰地认识自己的优点和不足，紧紧地将定义自己和做出选择的权利握在手中，勇敢地与恐惧并肩前行，为自己的人生负责。

我接纳了恐惧，接下来便是将目光聚焦于梦想。

03
聚焦梦想、逐光而行

众多的书籍，如埃斯特·希克斯的《吸引力法则》、朗达·拜恩的《秘密》等，都围绕着“心想事成”这一主题展开探讨，强调要将注意力集中在你的梦想之上，这与“**你的注意力在哪里，能量就在哪里**”这一观点有着异曲同工之妙。

当我将注意力聚焦在恐惧之上时，我的能量被牢牢地禁锢在一个狭隘封闭的空间里，许多渴望去做的事情都无奈地被搁置一旁，因为我根本无暇顾及。然而，当我的能量突破束缚、重获轻松的常态之后，我开始刻意培养自己将注意力集中在那些渴望实现的事情上。

很多年前，我内心深处一直有个声音在不停地呼唤：去练习冥想，去练习冥想。我要么经常对它充耳不闻，要么只有当情绪糟糕到无法忍受的时候，才会想起跟着音频去练习一下，只为让内心的空间能释放掉一些压力。

直到有一天，强烈的内驱力促使我开始正式学习正念。就在当天晚上，我翻阅了大量的信息，很快就从中筛选到了我梦寐以求的正念师资培训课程，并且毫不犹豫地报了名。在接下来的日子里，我有幸接触到了一群极其出色的正念老师。这件事情让我领悟到：**只要你内心有所渴望，并且能够集中你的专注力，就一定能找到你所追寻的东西。**

通过两年多系统而深入的学习，2024年10月，我如愿获得MBSR和MBCT正念课程师资资格证书。对于我而言，这无疑是一张极具分量和价值的证书。因为在整个课程学习的过程中，每一个参与者都全身心地投入其中——练习正念、观摩教学、亲身实践，**这里没有一成不变的标准答案，没有评判，更多的是带着好奇和觉知的勇敢探索，以及坦诚无私的分享。**

聚焦梦想并使之成为现实，其实并没有我们想象中那么遥不可及。我们不必一开始就给自己设定一个过于高远、难以企及的目标，完全可以从一个个看似微不足道的小目标入手，脚踏实地，步步为营。每一次成功实现一个小目标，都是一次值得我们欢呼雀跃、铭记于心的胜利。

最近，我观看了“混沌学园”创始人李善友老师的一段视频，他分享道：“使命的载体无所谓大小，一个制作寿司的人，可以把寿司作为他实现使命的载体；一个授课的人，可以把课程作为他实现使命的载体。载体的大小并非最为关键，击穿这个载体后所达到的那种状态才是至关重要的。使命，其实是一种独特的生命状态。”

成就伟大事业的人寥寥无几，但作为平凡的普通人，我们同样有机会成就自己的梦想，尽情享受聚焦于想要做的事情时的那种美妙状态。

此刻，我想对自己和正在阅读文章的你说：接下来，你究竟想要做什么？

与残障和解
携平凡生活

连理枝

残障群体服务者

特殊儿童早期干预师

全职妈妈

“我曾经跨过山和大海，也穿过人山人海；我曾经拥有着的一切，转眼都飘散如烟；我曾经失落失望，失掉所有方向，直到看见平凡，才是唯一的答案。”突然有一天我在大街上听到这首歌，瞬间热泪盈眶：这首歌正是我，一路追梦的真实写照。

大家好，我是连理枝，从“在天愿作比翼鸟，在地愿为连理枝”中选出的名字。

01
一个飞翔的女孩儿

十几岁的我走在太行山的乡村水泥小路上，白杨树的叶子被风吹过，轻轻摇曳，绿色庄稼铺满了视野，此时的我在内心许愿：有一天我会把自己的故事讲给别人听。

在记忆中，声音是模糊的、飘散的，而视觉是清晰的。我用力睁大眼睛聚焦他人嘴巴细微变化里传来的信息，捕捉着他们脸上的肌肉所传递的情感，感知着声音像损坏的水龙头所滴下来的水滴……不得不承认：我的听力出了问题。

“你明明能听见，你是装的！”“有时轻轻喊你一声，你就听见了，有时很大声喊你，你却听不见！”“大家都能听见，咋就你听不见了呢！”“敲门的都快把你家门敲坏了，把你卖了你都不知道卖到哪儿了！”质疑的声音如同冰冷的风向我吹来，我觉得手脚心有些凉。

“她听不见，你再慢慢跟她讲一遍。”“同桌，你跟她讲一遍吧！”“你听不清楚就再问一遍。”“你买个扩音器吧，不然默写生字时老师一直说你。”“你再长大一些就好了，见到人要主动打招呼，这样显得你很和气。”我一一应答着，内心的感激之情想要表达出来却被卡在喉咙里。

那时我对田里一朵金色小野花念叨：花儿啊，今天开始，我的耳朵就会听得到声音了。我心中期盼着。我慢慢地抚摸这朵金色小野花，生怕伤着了这朵小花。我慢慢地闭上眼睛，将世界隔绝在我的眼眸之外，感受这朵金色小花与我的身体每一个细胞温柔地对话……睁开眼睛时，我听到了，鸟声、风声、草声、叶子声、土地声……它们都在跟我对话。

离开这朵金色小花，我的世界似乎没有发生什么改变。父亲的声音听起来依旧时而急躁凶狠时而充满笑意，母亲的声音时而温和时而着急不知所措，最爱的外公外婆的声音总是温暖有力、不紧不慢，而爷爷奶奶的声音却起伏不定，伙伴们的声音如同鸟鸣环绕着我，我说不出的哀愁就这么流淌着。我照旧努力上课和学习，和小伙伴们一起写作业，一起疯玩儿。

高中分班时，我意识到陪伴自己的伙伴终究会离去：我被分到普通班级，而好友被分到了特优班。内心为她高兴的同时我也深感绝望：尽管我已经非常努力捕捉老师的口型，但还是会经常听不清楚老师讲什么。那时正好汶川地震，我的内心也经历了一场“地震”：我想退学。

我哭着找好友青、珠和明娟：我不想读书了，我想退学回家。珠替我着急，青也认真地倾听但不知道怎么安慰我。明媚说：“我给你讲题。我有啥资料，都给你看。”那天她坐在草地上一遍遍给我讲题。我决定了：继续读书！

后来我高考惨败，复读后进入了一所二本院校。有一天，室友在物理课堂上大喊：“跟你说了，是这样的，你咋就不听呐！”她的话深深刺激了我：我再次想退学，想去中州大学学手语。后来我高中喜欢的男孩峰亲自打来电话，他充满磁性有力的声音在一个深夜说服了我。我决定了：继续读书。

最终，我跟自己的耳朵和解了。“我知道，我一直有双隐形的翅膀，带我飞，飞过绝望。”

02 走出这间手术室，我决定为自己想做的事情活着

大四考研失败后，我决定去上海六院做听力手术。经历了

电钻、手术刀等在左耳的一系列操作之后，手术很成功。我感觉整个世界都变了：原来，这才是世界真实的声音！周围人说话声音怎么这么大、这么吵！居然大家都能忍受地铁飞驰时这么大的轰轰声！原来睡觉时枕头窸窸窣窣的声音真让人头疼失眠！我左脑的神经细胞接受着海量声音的刺激而旺盛地连接着，而右脑似乎如灰烬般毫无活力！

我是一个正常人了！我和大家一样能听到很多声音了！我觉得自己无所不能了！我决心再战考研！但这年考研又一次失败了。

又一年时间流转，我感觉左耳听力在慢慢下降，我内心告诉自己：不会下降的，你只是适应了这么高强度的声音而已。后续专家复诊时他明确说："你左耳恢复得还不错，可以考虑做右耳了。"我放心地回去，准备再战考研，但备战考研时我感觉不太对：上课老师讲的内容我听不清楚了。我继续预约专家复诊，诊断结果是我的听小骨脱落导致听力下降。内心似乎早已知道结局的我毫无波澜地走出医院。那年我破格被华师大录取。

我决定继续进行左耳手术，想成为一名普通人，和大家一样。手术中途，医生告诉我："你的耳朵经历二次开刀，比较脆弱。耳膜目前断裂了，如果继续开刀，可能会面临着左耳全面失聪的风险；如果就此止住，耳膜可以修复好，后续我们给你佩戴助听器。你看，你是愿意冒险还是修复耳膜就此结束？"

我回应医生："给我几分钟思考一下。"他说："好的，需要请你妈妈过来一起商量一下吗？"我此时泪水已经止不住了："不用请我妈妈过来了，我妈妈听不懂你们讲什么，我自己决定就行。就此停止，以后佩戴助听器吧。"他有力地回应"好的"，之后继续手术。我内心告诉自己：走出这间手术室，为自己想做的事情而活着。

后来，我佩戴了助听器。从初期的生理和心理排斥助听器，到与助听器和解，我又花了两年多时间。进入华师大之后，我再次坚定：为特殊教育而活着。我认为，这是我的使命，是心对我的召唤。

03
活成平凡人，也很好

读研初期我满腔热血：我是听力障碍者。我要为听力障碍者发声。

"'上帝为你关上了一扇门必为你打开一扇窗。'你真厉害，考上华师大研究生了！""你好温柔啊，我很喜欢跟你聊天。""嗨嗨嗨，认识你很开心，身残志坚。"我内心苦笑着，表面跟人继续笑着聊天。

"你怎么像捏着嗓子讲话一样！""你跟人的交往是有问题的！""跟你讲话真费劲儿！"我越来越怀疑自己了。

毕业论文严重难产，导师很关心、很着急，但我一直回复：“还好”“没问题”。我每码一个字都觉得非常沉重，然后趴在桌子上一直睡到午饭后，昏沉地回到图书馆，继续趴桌子上睡觉直至吃晚饭。

后来师妹雪带我进入了一个充满活力的团体，自己都还欠学生贷款的郑还主动借了几千块钱给我……如此艰辛的日子里，被人惦念着、支持着，他们给了我继续走下去的力量。

毕业答辩如期而来。有位姑娘小凡发了个朋友圈，文案大概是：毕业设计论文答辩上，遇到一个笑得很灿烂的女孩（附上一张在答辩时笑靥如花的我的照片）。那时我意识到：原来我本身的存在就会感染一些人，给他们力量。

我毕业后开始从事特殊需求儿童早期干预工作。我加入了一个小而精的团队，我们接待了患有孤独症、发展迟缓、唐氏综合征等的特殊儿童，深入探讨剖析着每一个案例，收获了家长们的高度信任。但迫于资金压力团队还是解散了，后来我们几个人复盘时意识到：我们能带领特殊需求儿童和家长努力地活出一个平凡人的心态，就已经很好了。因为无论医学诊断的障碍是什么，努力活着就已经很不容易了。

就像余华在《活着》中写的“活着是为了活着本身而活着，而不是为了活着之外的其他事物而活着。”

去年考公务员失败，我开启了全职妈妈之路。挚友泓姐一句“带娃是最重要的工作，很不容易的”为我注入了能量。我和丈夫包容彼此的情绪，且总会默契相视而笑：努力过好平凡人的生活。

穿梭在理想和理想化之间的人生巴士

刘艳

拥有医学和教育学双重学历背景的心理咨询师

国际生涯发展学会（NCDA）认证青少年生涯规划师

理想和理想化，一字之差，却是我人生故事中不可或缺的两个部分，见证了我的成长，也激励着我不断前行和实现梦想。下面的叙述我希望能给每一位曾在成长路上有过不安和困惑的你带来平静和支持。

01
神奇的力量真的存在吗？

“赐予我力量吧！我是希瑞！”

这句动画片台词是我关于梦想的最原始的记忆，希瑞公主的声音至今仍不时出现在我的脑海中。《非凡公主——希瑞》风靡国内那年，我刚好5岁。那时的我实在太瘦小了，这也许是我渴望奇迹般地拥有神奇力量的由来。妈妈担心我长不胖，给我吃了一盒高价买来的花粉。于是，6岁的我“神奇”地长大，“发育”得肉乎乎了，而我因瘦小的自卑也随之变成了对胖的自卑。

小学时期，我并不是老师眼中的乖学生，会因为自尊和老师对着干。一次偶然的机会，爸爸从图书馆带回一本古龙的小说，这打开了我的新世界——我成了一个不折不扣的武侠迷。

每个暑假我都会沉浸在刀光剑影的故事中，幻想着自己也能成为拥有绝世武功的女侠，战胜一切邪恶。

正如爱尔兰女作家伏尼契在《牛虻》中所说："一个人的理想越崇高，生活越纯洁。"我的理想，虽然幼稚，却也纯粹而坚定。

也许是因为读了太多书，在一次期中考试时，我"神奇"地考到班级第二名。当老师念到我的名字时，非常诧异地核对了我的所有成绩。自此以后我的学习生涯像开了挂一般，在一个普通初中名列前茅，也如愿考入了市重点高中。

在高手如云的高中里，我变成了一个小透明。我没顾上自己的沮丧，还安慰一直为我操心的妈妈。我对她说："我考进去就是压着分数线的，运气已经很好了！所以我就像在楼梯的最下面，高中三年哪怕我能慢慢进步到中间三分之一，也是很厉害的了。"没想到妈妈真把我的话听进去了，乐呵呵地安心待在我的理想泡泡里。

然而，现在回想起来，高中的我能那么乐观，可能也是因为有个神奇的信念。那时我听说有一种"开天眼"的能力，有一个月我每天像模像样地在床上打坐，以为自己能打通任督二脉，看到所有考卷和答案。至今表妹还调侃："没想到当年我居然也傻傻地跟着你练'大周天小周天'。"看来，对于神奇力量的渴望是孩子心中再平常不过的想法了。

02
我到底是谁？想去哪里？

如果说对于神奇力量的渴望是一种理想化的投射，那么我们终将面临一个逃不开的问题——“我是谁”。

高三那年，每次放学路上我都会经过江苏路上唯一一栋亮满灯的写字楼，心中对职业的强烈向往油然而生。我会留意爸爸提到哪些工作很赚钱，会看成功学的书籍，还会想象自己几年后就在高高的写字楼里上班。

在看了弗洛伊德的《梦的解析》后，我在高考时将华东师范大学心理学专业作为我的零志愿。这是我第一次尝试将理想照进现实。

然而，理想很丰满，现实却很骨感。最终我考上了同济大学，被调剂到口腔医学专业。本着一颗敬畏生命的心，我坚持了五年艰苦的学习，很努力地想让自己爱上这个专业。

但最终，对专业的“不喜欢”仍然让我做出了“先斩后奏”的辞职决定。当时，我和父母有了第一次激烈争吵，所幸我的男朋友（也是后来我最亲爱的老公）一直支持着我。当奶奶跟我说“要干一行爱一行”，父母对我说“口腔医生可是个金饭碗”时，我内心只有一个念头——“我就不信不做医生我就养活不了自己！”

这也是我第一次如此认真地思考“我是谁”“我要去哪里”的问题。

后来的几年，我都是顺着自己的本能和喜欢在寻找职业发展方向。最初，我依靠英语口译证书做了培训机构的英语老师。后来为了提升学历，我裸辞考研，如愿考上了华东师范大学的教育学硕士。毕业后我成了一名特殊教育教师，遇见过社会中最需要帮助的人群，也和专业的医生、教师群体有过深度合作。

在这些经历中，我好像离自己越来越近了，感觉到越来越多的活力。但同时，我内心隐隐有着难以言说的不安，仿佛这辆人生巴士的司机并不是我，而是被某种力量牵引着兜兜转转。

03 理想还是理想化？

我一直没有想明白的是，我的理想到底是什么？我知道肯定不是儿时对希瑞公主、绝世高手、“开天眼”的那种向往，但那些好像已经成为动力模型的一部分。理想和理想化之间到底是什么关系呢？

在一次家长团体心理辅导活动中，我感受到了真实情绪的冲击而流下眼泪。再加上对自我认知的探索欲，我参加了国家二级心理咨询师考试。我一如既往地非常投入学习，在那年通过率极低（5%）的考试中一举通过笔试和面试，就此重新打开了我高中埋下的时光胶囊，终于进入心理学的领域。

伴随着心理咨询工作的开展，我从来访者身上或多或少会看到自己的某个部分。一切对自我的感知就像剥洋葱，也像是青春期自我同一性的探索，虽迟但到。

理想化可以被理解为一种心理防御机制，它可能发生在为了减轻因为自己的缺陷而引起的羞愧感时，也可能发生在为了避免体验到失望时。正如我小时候因为身材和身高的自卑而把理想化投射在意志坚强、美丽而有力量的希瑞公主身上，因为担心成绩不够好而把理想化投射到“开天眼”的幻想中。

更重要的是，理想化也是一种自体发展的需要。对钦佩对象心理上的“融合”和加入，能使我们感受到力量、抚慰和稳定，尤其是在弱小和沮丧的时候。希瑞公主、武侠世界这些“神奇的力量”，是我内心的一个安全基地，在我受到质疑和挫败时用“魔法”保护了我。

当然，我们也不能忘了，每个硬币都有两面。理想化往往忽视了事物的复杂性和不完美性，过度沉溺可能会带来不切实际的期望和对现实的不满。因此，我也必须学会怎么使用理想化。

04 终于找到了关于理想的答案！

对心理学的理解使我明白了理想化的保护机制，但我仍然对自己的理想感到模糊。在持续多年的好奇驱动下，我接触到了生涯规划，终于找到了关于理想的答案。

对我影响最深的是霍兰德职业兴趣理论。霍兰德提出了“人格特质与工作环境相匹配”的理论，把人格特质分为现实型、研究型、艺术型、社会型、企业型和常规型六种类型，并各自对应职业类型。

在我得出自己的测试结果和解读时，一切豁然开朗了。

我的特质是研究型+艺术型+社会型。我从小喜欢用归纳、类比、联想的方式来学习，常常绘制思维导图和表格来整理信息，这是研究型特质。同时，我对创新的想法很着迷，在研究论文和策划项目时经常会冒出新点子，并且能付诸表达和行动，符合艺术型特质。从我以往的工作经验来看，医生、培训师、教师、咨询师都是与人沟通、利他的职业，原来社会型特质一直在驱动着我。

相较而言，我的常规型和实际型计分偏低，呼应了我程序化事务和动手操作方面的弱势，这也是我放弃了口腔医生工作的重要原因。

我对于心理学和生涯规划的学习始终充满热情，它们不仅通过思维分析和灵活应用理论来解决实际问题，还能通过与人合作、助人来实现自我价值。这两个领域都和我的职业兴趣特质非常契合。因此，我不必再纠结用哪个身份工作，而应将精力用在继续实践和钻研上。得益于我的兜兜转转，现在的我有了更坚定的信念，希望自己能工作到70岁甚至更久。

回顾我的成长历程，理想与理想化就像双子塔——理想让我有了前进的方向，理想化则让我在面对困难时不失希望。正如伏尔泰所说："在理想的最美好世界中，一切都是为最美好的目的而设。"

循着梦想的光，我把被弄丢的自己找了回来

玄新

心理学博士

国家二级心理咨询师

01 有最高的学历，但依然不自信

我是国内名校的心理学博士，每当别人知道了我的背书之后，都以惊讶而羡慕的语气说："哇，你太厉害了。"可我真的不觉得自己厉害，当别人都觉得我是谦虚，或者"凡尔赛"的时候，只有我知道，其实我是有心理学上"冒名顶替综合症"的，总觉得自己所拥有的成功和成就不是理所应得的，自己的能力和成就并不相符。在我身上究竟发生了什么，让我如此不自信呢？

小时候的我，活泼可爱，两眼充满了灵气。我记得特别清楚的是，当我走在路上，很多人都会说："看这个孩子，多可爱，长得多漂亮。"听到这些夸赞，我内心充满了自豪。而不知道从什么时候开始，我的眼睛渐渐失去了光。在一次工作坊中，老师邀请学生示范如何从一个人的面容来观察他的状态。我被选中做示范，老师用一张纸挡住我脸的下半部，看到我眼睛是没有光的，眼角下拉，眼睛里充满了悲伤。那一刻，我泪如雨下，曾经那个快乐、无拘无束、敢想敢干、充满活力的小女孩去哪里了？

是因遭遇家庭变故而自责、恐慌、无助？是因为中途插班去幼儿园，没有熟悉的小伙伴、没有亲人安慰，孤独而无助？是因为自己是女孩而感觉自卑，立志要比男孩强？是因为小学贪玩，初中突然想要好好学习，每天只把自己关在屋里学习，困了累了都要掐自己一把的自我折磨？是在即便是考到了年级第一，也觉得自己不够好的状态中？还是因为家境比较平凡而被人看不起，总想证明自己？又或是用外表一副时时处于防御应战状态来掩饰已经脆弱地碎了一地的内心？

总之，那个原本灵动纯真的女孩将自己一片片灵魂的碎片遗落在人生旅程中的各个角落，把自己折磨得体无完肤，需要一片片捡拾自己的灵魂碎片，拼凑起完整的自己……

02
从苦海到感恩：自我发现之旅

回顾人生，我一直在努力打拼。从初中开始，我意识到要出人头地，就必须努力学习。尽管没有掌握高效的学习方法，我还是凭借着上课专心听讲、认真完成作业、死记硬背的原始方式，取得了年级第一名的成绩，从此由差生变成了优等生。

我坚信“吃得苦中苦，方为人上人”，我放弃了所有娱乐时间，全身心投入学习中。即便疲惫不堪，我也要通过抹风油精、掐自己等方式拼命地“卷”自己。周末节假日我都不回家，生病了也要逼迫自己继续坚持学习。由于一贯对自己高标准严要求，所以我的学习成绩总是一路领先，始终保持全年级第一的状态，但我内心并不快乐。

高考结束后，我虽然成绩不错，但录取的学校和专业并不理想，这让我痛苦不已。最终，我放弃了复读，选择去上大学。在大学，我感到失望，开始旷课，沉浸在言情小说中，荒废了四年时光。

然而，正是在大学，我找到了自己的人生方向——心理学。尽管考研失败，我并未放弃，而是在工作之余继续努力。最终，我考上了心仪的心理学研究生，并在上海的高校工作。我工作非常拼命，得到了领导的认可，每年都有新的提升。

在职业生涯顺风顺水时，我做出了辞职考博的决定，而且是全力以赴，不留后路。这个决定让我承受了巨大的压力，但最终我成功了。我非常感谢我的丈夫在精神和经济上给予我的支持。

考上博士后，我开始了新一轮的努力。我意识到，自己一直在努力，但生活依然充满痛苦。我开始反思，发现自己一直无法摆脱过去的阴影。

通过学习心理学，我认识到自己的痛苦源于童年的经历和内心的负面信念。小时候我们经历了很多事，既有开心、快乐，又有伤心、难过，可是对于具有负面偏好的人来说，我们记住的、经我们解读后的经历却大多数是带有个人色彩的。

如果让我回忆童年，我想到的都是自己在幼儿园无助的身影，被小朋友欺负、孤立，被爸爸打骂着去幼儿园，别人对我看不起的眼神和表情……所以，当我内心的信念是我是个不值得被爱的人、我不够好时，我经历的一切都被解读成：我是个受害者；我好惨；我付出这么多，为什么你们都这样对我；我都这么努力了，为什么还是得不到我想要的。因此我每天充满了抱怨和自怜。

而经过这些年的成长，我再回顾童年经历时，画面中多了很多温暖的场景：爸爸带着我周末坐公交车去亲戚家串门；爸爸给我抓了一只蜻蜓；大冬天特别冷，我已经上小学了，妈妈还帮我穿棉裤……细数自己这一路走来值得感谢的人和事，觉得自己真的是无比幸运。所以，换个视角，就是不一样的人生。

我学会了感恩，开始重新审视自己的人生，发现了许多值得感激的温暖时刻。

当然，信念的改变不是一朝一夕的，而是要一天天地去练习觉察自己的念头，在做事中去体会，如每天做感恩练习，每天给自己按“确认键”……

03 清除人生“木马病毒”，人生才能更轻松

过去的人生旅程中，我总是不断地向别人证明“我是可以的，我是有价值的，请你们看到我”。所以一直是讨好的模式，封闭自己的感受和想法，压抑自己。即便我工作很出色、很卖力，得到器重，但我知道，自己的出发点是证明自己。因此除了很辛苦、很费力，其实自己跟同事、领导、工作本身并没有建立起真正深刻的连接。因为当一个人无法真实做自己，只是为了让别人喜欢自己，让别人觉得自己好时，就无法释放出力量，言行也是变形的，别人是可以感知到的。因此，不管是在家庭生活中，还是在工作中，或者其他场合，我都开始慢慢学习发现自己的感受，尝试着去表达自己真实的想法、感受和需要。

穿新鞋，走新路，我开始了重建自我之路。这些对我来说并不熟悉也不容易，甚至很多时候也很受挫，但开始了就不怕晚。**我像养育一个小孩一样，把自己重新养一遍**，问问此刻自己的感受是什么，想要选择什么，而不是像以往那样一句“随便”，或者是老好人的模式。工作之余我会去跳舞，去发展自己的爱好，这个过程，也是把自己丢失的每个部分一点点找回来的过程。慢慢地，我开始喜欢自己，开始有力量。

我想到小时候，看到邻居家里来了一群年轻的实习教师，他们

有活力、有朝气，每天跳舞、看书，享受生活。那时候我想，这就是我梦想中的生活。如今，我也过上了这样的生活，在生活的引领下，博士毕业后我做了一名学校的心理老师，业余时间跳跳舞、看看书，过着充满艺术感的生活。当我上完课，或者给学生、老师、家长做完咨询后，看到他们原本愁容满面，或因各种困惑而失去光彩的眼睛又焕发光彩时，我就知道，这就是我想要的生活。

如今再回头，我发现，我虽然走过很多弯路，但每一步都作数。儿时的梦想就是我生命的导航员，当我们发现生活之美，会发出一声惊叹，人生中的每一个经历都是一个伟大的祝福，都是一枚枚的珍珠，串在一起，就是一串美丽的发光的项链……原来生活充满了智慧和善意，等待我们去发现。

因为体验过、痛苦过、挣扎过，走出困境后就会有所收获。于我而言，是什么拯救了我、点亮了我，我就用什么点亮其他人和世界。相信有很多朋友跟我一样，曾经历过把自己弄丢、原本充满活力的生命被压抑的过程。

因为自己点亮自己，走出黑暗，所以我能够带着更多人走出黑暗，发现他们美妙的人生……

如今，我把自己一路走来找到自己、活出自己、绽放自己的过程创建了一套可以帮助他人更快实现人生突围的方法和体系，并且自己也在终生实践着，希望帮助更多人活出自己，绽放生命的精彩。

唯有热爱　可抵岁月漫长

黄玲

精神科医师

精神动力学取向心理治疗师、家庭治疗师

国际危机事件压力基金会ICISF培训师

美国麻省医学院正念中心正念减压（MBSR）课程讲师

英国儿童大脑开发正念课程“The Present当下的礼物”授证讲师

英国牛津大学正念中心正念认知行为疗法（MBCT）、正念生活（MBCT for Life）讲师

我叫黄玲，在三甲医院辛勤耕耘已有三十载。30年前我从医科大学毕业，成为一名救死扶伤的医者。而在从业最初的8年时间里，我也的确在内科临床、急诊科以及重症监护室（ICU）勤勤恳恳地救治病人。然而，时至今日，30年后的我，已然是一位阅历丰富的精神科医生、一位有着22年工作经验的心理治疗师，每日与精神心理疾病患者密切交流，拥有上万小时的个案治疗经验。

坦白而言，这30年间，我并未获取什么值得称赞的宏大功绩，每日所行之事极为平凡，皆为看诊病人。我每天循着相同的路径上班，落座于同一办公桌前，接诊着一位又一位患者。**这份工作表面看来或许略显单调，实则充满意义**。闭上双眼，我便能想象出次日的模样，可又难以预料次日需面对何种人和事。**日子每日貌似毫无变化，却又不尽相同**。

生命恰似河流，汹涌奔腾，激流不断。**我于平凡的岁月中，日复一日在浪涛中穿梭，历经数次起伏跌宕，才成就了当下的自我**。我尝试撷取几朵浪花，与您一同分享。

01
踏上心理治疗之路

1995年，我开始从事临床内科工作，其间发现众多患者存在心理方面的问题。不少患者自感生病，然而经检查却未发现问题。身为内科医生，我深知仅通过用药等治疗手段无法彻底解决患者的问题，我心中涌起一股挫败感。于是，我竭尽全力寻找解决此类患者心理问题的方法，这也使我对心理疾病的诊疗产生了浓厚兴趣。

2003年，我进入北京大学精神卫生研究所攻读心理治疗方向研究生，师从唐登华、丛中，专注于精神动力学和婚姻家庭治疗。在国内心理治疗师职称资格考试初期，我成为广西首位获得该资格的心理医生。为提升专业技能，我参加了上海市精神卫生中心与德中心理治疗学院的精神分析治疗师培训，以及北京大学临床心理中心与德中心理治疗学院的催眠治疗培训，系统学习了动力性个体和团体心理治疗，以及催眠治疗技术。

在德国、瑞士专家的指导下，我掌握了自我状态治疗、儿童创伤治疗和危机干预技术。我运用丰富的心理治疗经验，在2008年汶川地震和2011年合山矿难等重大事件中提供心理援助。

多年的临床实践使我在精神疾病诊断治疗、心身疾病、抑郁症、焦虑症、强迫症、儿童青少年情绪障碍、亲子关系和家庭问题等方面积累了丰富经验，为患者健康提供了坚实保障。

02 强迫症男孩的治愈历程

强迫症是一种病因复杂、表现形式多样的心理障碍，以反复出现强迫观念和强迫动作为主要特征的神经症。2008年，一名14岁正在读初二的男孩，在考试过程中总是反复检查题目、重做题目，生活中也控制不住自己，觉得东西很脏，不停地去洗手，严重干扰了学习，导致成绩下降。

后经老师介绍，男孩找到我，我诊断其患有强迫症。但男孩的妈妈较为强势，不愿相信自己的孩子患病，对孩子的求医行为非常不理解。我知晓后，将男孩的妈妈也请到诊室里，在给男孩进行个体心理治疗的同时，也开展家庭治疗，主要是亲子沟通辅导。

经过持续的药物治疗联合心理治疗，男孩的症状得到改善，成绩提高，并于2011年考上重点高中。上高中后，他的妈妈也逐渐理解了孩子的心理困难，亲子关系趋于和谐。

由于高中学习压力大，男孩出现了抑郁焦虑情绪，觉得活着没意思，学习没有动力。但他持续接受心理治疗，度过了一个又一个难关，最终顺利考入外地一所重点大学。在大二期间，在学业和人际交往方面遇到困难，男孩又继续寻求心理治疗。

经过多年的坚持与治疗，如今这名男孩对自我的认识不断加深，心理素质不断提高，逐渐成熟起来。

03 退休老教师的康复之旅

8年前，一位被焦虑症困扰近30年的退休教师抱着将信将疑的态度找到我。由于认知上的偏差，患病多年，他从未主动到精神心理专科就诊。退休十几年来，他的症状愈发严重，生活质量越来越差，发病时不是感到胃肠不适就是胸闷，或是不明原因的头痛。

为此，该患者多年来先后看过消化内科、呼吸内科、心血管内科等科室，还去了北京、上海等地就医，却仍未查出具体原因。近10年来，他多数时间都待在家里不愿出门。

2016年3月，患者胡思乱想，长期有眩晕症状，出现短暂惊慌，坐立不安，且自己吓唬自己的症状愈发严重，对亲友的依赖程度加深。他表面上还能吃、能睡、能走、能参加集体活动，但无法独自一人在家，不能自行出门，无论去哪里都要有亲友陪伴，且要处于亲友视线之内，否则就会心慌心悸。

患者经人介绍找到我就诊后，我针对焦虑症与患者进行了专业的心理沟通，取得了患者的积极配合，同步进行药物治疗与心理治疗。不到两周，患者精神状态明显好转。一个月左右，患者健康愉快的情绪明显占据主导地位。四个月后，其焦虑情绪明显缓解，已无须亲友陪同，能够独自到医院接受治疗，自己能独自去图书馆读书看报，去商场购物……

一年后，年已78岁的患者，首次乘坐飞机出国旅游。此前他连家门都无法踏出，如今却可以乘飞机到那么远的地方。患者激动地表示“这真是一个奇迹”。

04
医务人员自身心理建设

近年来，医患关系一直是社会关注的热点问题。有研究表明，我国医生执业压力较大，近年来不断有医患冲突的新闻传出。医务人员不同程度地面临着工作、家庭生活、经济等各种压力。如何更好地理解和处理医患关系、如何降低医护人员的职业厌倦感，成为医疗行业关注的重要问题。

为此，我在医院牵头成立了巴林特小组并开展相关工作。2018年、2019年、2020年连续三年牵头举办省级继续教育项目《医患关系与巴林特小组》，先后邀请了德国弗莱堡大学医学院心身医学与心理治疗科科特·弗里切（Kurt Fritzsche）教授、同济大学汪浩教授、广东省人民医院刘海洪教授等授课，聚焦职业化医患关系，助力医务人员提升自身的职业化医患关系能力及人文医学素养，降低职业耗竭感。

为了更好地帮助他人，我与同事也在不断研习，学会照顾和爱护自己。我们一同持续进行正念练习，不断提升自身心理素养。2018年我申请并牵头举办了省级继续教育项目《正念/静观体验工作坊》，邀请薛建新老师带领体验；2019年我举办了《正念心理疗法体验与应用工作坊》，邀请胡慧芳、古蕙瑄两位老师带领正念研习；2020年我举办了《正念心理疗法“自我慈悲的力量”体验工作坊》，邀请薛建新老师带领研习。

尽管我的工作非常繁忙，我个人的学习却从未停止。2018年我参加了简单心理的督导训练课程，接受督导师王文秀的督导和训练。2019年至今我接受了林家兴、阿诺德·理查兹（Arnold Richards，美国精神分析协会、国际精神分析协会会员，培训分析师和督导精神分析师）、亚瑟·林奇（Arthur Lynch，美国精神分析学院院长）、杰瑞姆·布莱克曼（Jerome S. Blackman，美国精神分析师协会主席、弗吉尼亚精神分析协会主席）的督导和培训。只要还接待患者，我的自我体验和督导就不会停止。

05
热爱与梦想

30年来，我怀揣着对心理治疗的热爱和梦想，踏上了这条充满挑战的道路。20年前，我有幸加入中德班，与一群志同道合的同行共同成长。我们互相学习，共同进步，将先进的心理治疗技术应用于临床实践。

每天，我沿着熟悉的路线前往医院，坐在那张见证了无数患者故事的办公桌前，迎接每一位带着不同困扰的患者。虽然工作看似重复，但每一天都是新的挑战，每一次交流都是心灵的碰撞。我见证了患者的喜怒哀乐，也体会到了作为精神科医生的责任和使命——不仅治疗疾病，更帮助患者重建对生活的信心。

岁月流转，世事无常，但对这份职业的热爱让我始终保持初心。**我相信，只要怀着助人的心，用专业知识和同理心去倾听、理解和支持每一个需要帮助的灵魂，就能为患者带去希望和光明。**正是这份热爱，让我可以抵御时间的侵蚀，成为我前进的动力。

忠于自己　做我所爱

温钫珺

国内首批国家高级体型管理师

6年+线下实操经验，体型管理项目经营者和推广者

倡导健康文胸新理念的传播

人因梦想而伟大，因坚持梦想而成长。每个人的心中都有一颗梦想的种子，这是我们动力的源泉。正因有了梦想，才能让我们超越平凡，迸发璀璨的光芒。

01
忠于自己　做轻松开心的事

我从小是个不起眼的学生，成绩不好不差。小时候的我心里一直有个声音："读书这么辛苦，为啥还要读，一直玩不是很开心的吗？"而且我非常有个性地认为自己轻松、开心是世界上最重要的事情，没有之一！

保持这种心态，我的学习成绩一般，老师这里没压力，父母这里混得过去。在外人眼里，我就是个学习怕吃苦、读书不努力、没啥上进心的娃。

我呢，逍遥自在！老师、爸妈都不找我"麻烦"。只有我自己知道，兴趣是我的老师，爱好才能让我愿意用功。**人生短暂，何不做点自己喜欢的事情呢！**

"能省力的事情绝不卖力！"有一位前辈曾经这么说过。大意是人生要有智慧，会使巧劲。这句话与我的观点非常一致：

工作和生活都必须开心，必须轻松。正是这种观点的指引，我一直保持着良好的心态。好心态带给我人生的正确选择。

02
兴趣是老师　需要是航标灯

20世纪90年代初，会计是一份吃香的职业，从上海立信会计金融学院毕业后，我的第一份工作就是成本会计。在工作中我“本性”显露，好胜心让我在学徒第二个月轧账正确率和出报表速度就与师兄师姐水平相当。和所有打工人一样，我开始考职称、上班、换工作。

曾经办公楼深夜的灯光见证了我无数个加班的夜晚，我也曾为了不耽误工作累到发烧。我从国营单位换到外资企业，又到初创单位并扶持3家公司上市。长时间连轴转的劳碌工作让我近视的度数连续两年每年加深200多度，我觉得再这样下去我的眼睛会出问题。这个工作似乎不适合我，我开始思考寻找出路，改变现状。

为告别劳碌而无休止的工作节奏，我从专职会计变成专职宝妈兼职会计。为扩大认知和圈子，我从宝妈又变成某商会专职秘书长。

因对心理学有着向往与探索，我深入学习心理学；为了孩子和家人的健康，我认真学习芳疗、食疗；因对量子科学感兴趣，我自学能量和疗愈；因对国学感兴趣，我修习诸多著作。只要能提升思维认知、改善生活，我都愿意尝试。从小不爱学习的我，变成了孜孜不倦学习成长型人。

我时常问自己：为什么学这么多？是兴趣爱好、是充实头脑、还是打发时间？都是，也不都完全是。在沉淀过程中，我终于发现其实我的初心始终没变，忠于自己，爱我所爱，无怨无悔。

03
榜样的力量　种下梦想的种子

“我是谁？我所学能为身边人带来什么？我可以提供什么样的社会价值？”这些问题萦绕我多年，我一路摸索，终于悟出来：唯有成长，才能让我更好，才能成就我从小埋藏心中的梦想——成就非凡的自己，成为有魅力、出类拔萃的女企业家。

我有位姑婆20世纪90年代初就在海外做生意，每次回来都会给亲戚们带礼物。她虽个子不高，但从发丝到着装、从包到高跟鞋，永远干干净净、一丝不苟，搭配得体。她高雅的气质中略带英气，讲话温柔而有力量。

姑婆会给我讲她小时候上房揭瓦、爬树远眺、下河捣蛋的故事。大人们聊天，我就在旁边安静聆听。大人们讲生意、讲做人、讲祖先行善之举，点点滴滴震撼着我的小小心灵。她回来的时光总是短暂的，但并不妨碍我对她的崇拜，总有一天，我要活成她的样子。我心里从此有了一个光辉的榜样，这对我工作之后认真学习、加倍努力工作起了关键作用。

04
在工作中找到方向　回归初心

有一天，一位朋友对我说，“温老师，每次跟你交谈，我的问题总能被解决，我的心情也会变好许多！”“哦？我还有这种能力！”我心想。

我逐渐发现自己所学所悟的维度已呈螺旋状上升。我在协会工作了八年多，通过参加科委的各类主题活动、参观各协会会员单位，我对未来行业的趋势有了前瞻性的看法；策划大小会议，提高了我的公众演讲能力和沟通能力；编辑协会简报、维护公众号，锻炼了我归纳总结与输出表达能力；组织企业家们资助偏远地区希望小学，为我种下了公益慈善的种子。

科学家曾做过一个认知测试，得出这样一个结论：你身边的六个人和你内心设立的原则将会决定你成长为什么样的人。你的认知水平是你身边最近的六个人认知水平的平均值。俗话说：**思想决定行动，行动决定习惯，习惯决定性格，性格决定命运**。从这个意义上来说，这六个人决定了你未来的走向。

协会工作的所见、所闻、所行，让我成为企业家的梦想更清晰了。企业家的价值不仅是赚取利润，更多的是奉献社会的价值，如有发现商机的独特眼光、有创造力的思维高度，能为社会创造更多的就业岗位，培育更多成长型人才。企业家能回馈社会、行善积德、助人助己，一举多得，这太有意义了！

05
结合所学　做我所爱　得心应手

响应“大众创业，万众创新”的号召，我萌发了自主创业的想法。

于是我咨询企业家朋友，走访招商办、各职能机构，决定把未来方向落在文化、健康和高科技相结合的板块。健康人人需要，文化助人成长，科技兴国是趋势，值得推广，意义重大。

我奉行“工作生活须轻松、开心、有价值”的观点开始寻找项目，从独立工作室到合伙公司，经过几轮筛选，我最终选择压力小、灵活性高、有师傅带、有专业人士指导、有系统培训的合作项目。这就是很多人不了解的体型管理项目的经营和推广。这个项目规避了初创公司老板一个人辛苦的短板，可以说是为我量身定做的，是非常有发展前景和创意的项目。

我是中国医学科学院健康科普研究中心认证的中国首批高级体型管理师，精通中医经络、穴位、饮食起居习惯、睡眠、运动方式等各类知识。管理体型，即从体型切入，助人了解外在体型美与内在健康的关系，并通过组织活动帮助中国女性内修根性、外修体型，达到内外合一，身心健康，从而提升国民对于健康美的认知，推广和普及品质生活。

看！我过往的所学和爱好都有了用武之地，既满足了轻松喜悦的要求又给梦想提供了扎根的土壤。

06 人因梦想而伟大 又因坚持梦想而成长

我在体型管理行业做了六年多，入行入道，深耕系统，从一个“小白”变成专家。我还是一个倡导健康文胸新理念的传播者。

随着女性力量的崛起，现代的女性更爱自己。每年10月我们都会举办活动，呼吁全球女性重视乳房健康，远离乳腺癌。每年10月18日是预防乳腺癌宣传日，每年10月的第三个星期五是粉红丝带关爱日。

我己心通他心，无限的悲悯心，无私的利他心。我愿为众多女性发声，提升认知，呵护乳房，帮助女性选择健康合体的文胸。

雷军曾说：“当我创办小米的时候，只是一个有梦想的人。小米的愿望是让每个人都能享受到高品质的智能产品。我希望通过小米，改变人们对于中国制造的看法。”

我同样坚信自己的梦想：凭着我对科技的热爱和对客户需求的洞察，帮助女性改变对乳腺和文胸的惯性认知，走出认知误区，树立正确的健康观，助力每个女性都穿上独一无二、专属自己的独家健康文胸。

一路走来，风风雨雨，有人质疑，有人观望，有人嘲笑。管他呢！成功的路上从来都不拥挤。我忠于自己，勇敢面对困难与挑战，实现梦想，成为自己的女王！

伤痛背后的礼物

王雁立

重庆金刚心文化科技有限公司创始人

大健康行业16年健康管理师

我经历过成长的磨砺，面对未知的恐惧和挑战，虽然痛苦，却也铸就了我坚韧不拔的性格。随后，我带着激情和梦想，勇敢地踏上创业之路。每一次尝试和失败都转化为我宝贵的经验，让我更加坚定和成熟。最终，我步入智慧之道，在反思和学习中积累智慧，用这份智慧照亮梦想前行的道路，活出更好的自己。

01 青春之痛

20岁那年，是我在西北工业大学读书的第二年。年少的我喜欢打球，喜欢跳舞，初中时就在体校参加排球集训，常常到处参加比赛。那个年代全国人民狂热地爱着排球，可想而知，一个漂亮女孩球打得好、舞跳得好，是多么引人注目。在大学里，每个周末的舞会上，我的同学总说，我是鹤立鸡群的那个人。

不幸的是，我如歌的年华被一场毫无征兆的疾病切断。不知从何时开始，我先是感觉到左脚趾头发麻，大腿有放射性疼痛，起初还以为是关节炎。小时候我就有关节炎，爸爸常常为我擦拭膝盖，貌似很有效，疼痛逐渐就消失了。可我20岁时左腿又开始痛，于是我就在学校的医院里打青霉素，每天打一针，不但不见好，反而越来越严重。从放射性疼痛到整条坐骨神经痛，再到逐渐直不起腰来，甚至后来我在学校已经不能正常地学习和生活。于是爸爸妈妈来到学校把我接回了家。

我先后在重庆的骨科医院、急救中心、骑士医院、中医诊所被确诊为“腰椎间盘突出”，那个年代很少有人听说过这个病，何况发生在一个年轻女孩身上。我开始遍访名医，进行各种治疗。我经历了刻骨的疼痛，我的背上、腿上全是恐怖的治疗伤痕。终于，我的左脚失去了知觉，踩在地上就像踩在棉花上一样，左边的髋关节抬高，即便我认为自己是直立的，可别人看来却是歪斜的。我几乎已经瘫痪，午夜的疼痛声时常令父母心痛不已，妈妈说：“我要是能代替你就好了”。记得有一天我在阳台上看着楼下路边奔跑着找食的小鸡，心里充满了羡慕：我要是那只鸡该多好啊！

我父母非常着急，妈妈把我的片子拿到第三军医大学的西南医院，找到骨科主任。那位学术地位很高的老军医一看，严肃地说：“你女儿必须马上动手术，否则她将永远瘫痪！”这句话把妈妈吓坏了，立即安排我住院，医护人员也对我这个病得几近瘫痪的年轻女孩充满了同情，在住院期间给了我特别的照顾。为我动手术的是一个年轻的副教授，后来他成为全国脊椎类治疗的领军人物。

手术进行得非常顺利，由于我恢复的欲望很强烈，我的康复也很快。术后第七天，主治医生跟护士说我可以下地了，可是因为我已经很久没有无痛地站立，一整天都不敢下床，我非常害怕。如果我下床后身体还是歪斜的，腰腿还是疼痛的，我不知道我会不会崩溃。就这样，在恐惧中我纠结了一整天，直到主治医生晚上查房，当他知道我一直没有下床，便亲手为我穿好护腰，热情地鼓励我："不要怕，来，你可以！"在他的搀扶下，我终于战战兢兢下了床，当我在弯腰两年之后第一次轻松且毫无疼痛地站立后，我当场哭出声来。我大声地哭泣，深深地感恩我的医生给了我第二次生命。病房里所有人都流泪了，我抱着妈妈，一字一句地对她说："妈妈，我向您承诺，这辈子再也没有我过不去的坎！"

事后我想，这算是我发的愿吧。在以后的30年里，我虽然经历了一波又一波的起伏和挑战，在我22岁那一年我对妈妈的承诺，像一颗种子已经深深地种进了我的心里，**此后无论遭遇任何挫折和逆境，再也不能阻挡我穿越一切苦难的脚步。**

02 创业之歌

38岁那年，我面临人生转折。在知名企业担任销售高管并创业后，我厌倦了市场经济中的各种竞争，内心充满抑郁和排斥。

有一天，我陪一个朋友去看中医，心想来都来了，顺便也让医生给我把把脉吧，哪曾想中医的手一搭上来就问："你多少岁啊？"我说38岁。"啊？怎么30多岁的年纪50岁的脉？你的身体已经到达疾病的临界点啦！"惊得我差点从凳子上跌下来。那天在回家的路上，我一边开车一边哭，我第一次开始思考生命的意义和创业的价值。

不久，我接触到一个美国跨境电商的健康产品，亲身体验后，我的身体得到显著改善。我在短短40天的时间里，体重降了16斤，偏头疼痊愈，精力和体能明显增强，身体其他问题也渐渐消失，我无比震撼，感受到健康产品给我带来的极大帮助。于是，我开始将该产品分享给身边的朋友，却遭到误解，认为我在推销赚取差价。这让我感到苦恼，同时也激发了我想进一步了解产品和这个事业机会的想法。

2009年9月，我带着必须做选择的心参加了公司在美国的两周年年会。在拉斯维加斯，我见证了企业的实力、优秀的团队、感恩的老板和全球市场的繁荣，我决定全力以赴投身这个事业，证明自己的选择。

回到重庆，我开始美国健康产品的市场启动工作，并与原公司业务彻底脱钩。此刻我站在阳光中，感到一种从未有过的自由和力量。

我从一个行业新手成长为一个成熟的领导者，带领团队从无到有，最终成为这家美国公司在亚洲地区的最高阶领导者。这十几年，我经历了无数考验和挑战，但我总能坚持信念，穿越迷雾，走出困境。我的美国老板的一句话一直激励着我："当所有人往左时，你要敢于向右；当所有人后退时，你要勇于向前；当所有人都停止时，你要站出来引领人们继续向前。"这句话成为我前进的灯塔，指引我在创业路上不断前行，最终实现事业的腾飞。

03
智慧之道

女人49岁意味着什么呢?

意味着半百人生、意味着更年期、意味着从身体到心理上的变化。可是，如果还伴随着事业上的动荡，那该是怎样一种考验啊!

我就遇到了。那是我第五年连续每年春节后去日本滑雪，我终于上了中级道，要知道日本的中级道堪比韩国的高级道啊!

上了中级道的第二天，我好开心，一趟又一趟从山上往下滑。突然，一个滑单板的年轻小伙子以极快的速度从我身边呼啸而过，像一股旋风，吓得我一激灵，不由自主想躲避。就在我轻轻转弯的时候，左脚的滑板卡住了右脚的滑板，由于我从山上往下滑的速度很快，我的脚被卡住动弹不得，我几乎都能听到骨头断裂的声音。

我整个人摔在雪地上，双脚高高地举起，其实是雪板的一头深深插在雪地里，另一头把我的脚撑在空中，我就这样倒立着动弹不得，直到雪场救援赶来救助。在剧痛中，我心里想的都是：老天爷又要送什么礼物给我？

第二天，我在床上听到了一个故事，一个我称为“如果把人生分为两半，无论几岁听到这个故事，从此人生分为故事前一半和故事后一半”的故事。

听完这个故事，我第一次感到前所未有的震撼，对我过往人生来说，心里只有三个字“活反了”。原来世界并非扑面而来，而是来自自身种子的投射！或许这就是老天爷送我的礼物！就这样，在“种子”的推动下，回国后我一头扎进学习中，通过不断深入，我找到了过往成功和失败的答案，原来一切都有迹可循，一切都源自自己亲手种下的种子。就这样，我从原来繁忙的事业中切换到智慧的学习中，又一次从一个小白开始，闻、思、修，持续服务老师和平台。

我曾经历了各种考验，尤其是在高强度的教培中，有人问我：“你为什么能够持续坚持参加教培？”我说：“当我选择了一条路，就从来没想过放弃！”

而比这更重要的，是我一直在探索自己的可能性，我的理想就是：成为商业领袖中的智慧导师，成为智慧导师中的商业领袖。我会在智慧和商业中带领更多人到更好的地方去。怀着赤子之心，矢志不渝，永葆青春。

爱与梦想给予我前行的力量

任凡利

咸阳市第一人民医院精神心理科专职心理治疗师

国家二级心理咨询师

移空技术研究院首批认证培训师/督导师

美国MindUP（心升）青少年心理健康课程认证教师

美国斯坦福大学整合医学中心正念减压（MBSR）课程讲师

爱是阳光，普照大地，给万物亦给人温暖。梦想是前行的灯塔，总在召唤我那颗渴望飞翔的心，给予我勇敢前行的力量。因为爱，我活出生命的烂漫；因为梦想，我活出人生的色彩。

在我前行的道路上，总有爱的目光给予我自信，总有梦想的翅膀令我振奋。

无论是职业选择，还是社会担当，抑或是母女情深，这些都是我的考验，更是我的责任。在人生的道路上，或在山川河流间，或在原野村舍中，都有爱与梦想伴我前行，给我激情、使命和超越个体的喜悦。在这里，我分享几个与我息息相关的故事，来诠释爱与梦想是如何给我温暖、给我力量，使我无畏、坦荡、无私地走在坚实的大地上，勇往直前，毫不退缩。

01 梦想让我蜕变，将爱好升华为职业

梦想是行动的指南、前进的方向，更是心灵的寄托。我的梦想促我助人爱己、服务社会，同时提升自我，实现职业的华丽转身。

我将心理学全方位地融入我的生活与职业，让我认识到心理学在关键时刻对社会有着深远的影响。从线上心理援助到线下服务群众，我逐渐从自卑和胆怯中走出来，变得更加自信和笃定。

在心理咨询的过程中，我运用各种心理技巧，特别是在个体和团体实践中，发现了“神圣的暂停”——STOP技术的巨大价值。该方法的主要步骤：首先，停下来，让自己从烦心、困难的事务中抽离出来，同时停止思考让大脑休息；其次，集中注意力在呼吸上，觉察腹部的感觉，创造神奇的时空；再次，拓展觉察的范围，延展到身体的其他部位，促进自己专注当下；最后，继续前进，做眼前最有价值的事情。

有位长期受焦虑和抑郁煎熬的初中生来访，他曾几度想轻生而休学在家。经过我专业耐心的帮助，他掌握并实际运用“神圣的暂停”来缓解情绪，接纳任何想法和感受，同时可以自主控制自己的身体和行动，并把注意力专注于当下最重要的事情。他逐渐走出生命低谷，回到学校，找回了生活的热情与勇气。类似的案例让我深刻感受到心理学助人的喜悦，让我更加专业、自信。近年来，我帮助过无数人远离自我伤害，挽救过年轻的生命，提高了他们的生活质量，帮助更多人改善人际关系。正如一个高考学子高考结束后，在一次咨询中对我表达感谢时所说：“您耐心专业的帮助不仅让我取得好成绩，最重要的是让我的生命充满活力和希望。”

服务社会、助人达己的梦想让我发现了心理学的无限可能，让我在职业生涯中不断成长。多年来，我参与不求回报的线上心理援助，在医院内开展护士与职工的正念减压活动。在中国科学院心理所的心理援助公益项目等活动结束后不久，我接到院领导电话，询问我是否愿意去精神心理科。我无比惊喜和感恩，这不就是2012年以来我梦寐以求的吗？我顺利跨入了职业生涯的新篇章，至今个体心理咨询与治疗时数超过2 600小时，团体时数超过500小时，帮助数万人改善睡眠、调节情绪、回归社会。

02 爱与梦想促成母女关系蜕变，开始享受亲情的滋养

梦想不仅影响我的职业发展，也改变了我的现实生活。心理学和正念让我在职业中如鱼得水，家庭关系开始出现喜悦的转化。尤其是母女关系，从曾经的紧张和对立，到如今的和谐与理解，这一转变正是梦想和心理学的魅力体现。

我曾在学习心理咨询课程中接到了母亲的电话，但在之后的很长时间里我完全忘记了这件事。我这种冷漠和忽视的态度，也证实了我对母亲的抱怨和不满。心理学促进我觉察反思，发现自己对母亲的感恩之心完全被抱怨和不满遮蔽。我意识到，

真正的幸福不仅在于工作的成绩，更在于与家人之间的和谐相处。

2021年末，母亲多次出现双腿僵硬无力不能动弹的情况，她像孩子一样哭着说："快，我不行啦！"我和爱人每每都会立即放下手头的事务，迅速跑到母亲身边，搀扶着母亲说："妈，没事的，有我们。这会只是没劲了，休息一会儿就好了"。我们陪着母亲一起静静地原地站立，再一点点地挪几步，让她慢慢缓过劲。这样的经历不知有多少。有一次，母亲缓过神来说："如果不是你们的支持，我早就不想活啦。"

在生活不能自理的那段时间，母亲嫌弃自己处处麻烦人，她想独立活得开心、有尊严。无怨是对母亲的孝敬，更是自我成长的觉醒。与母亲的朝夕相处中，我学会了倾听，在平凡的日子里活出深情与爱。

经过几年的陪伴支持，母亲终于走出了抑郁的阴霾，接纳了自己不再年轻的现实，重新融入生活，享受生活的平淡幸福。如今母亲健康快乐地说笑、锻炼、打扑克，主动参与家庭活动并和亲友互动来往，找回了生活的满足感和价值。

心理学的梦想让我实现了从刺儿头到乖乖女的人生大转变，帮我拨开了心中的迷雾，照亮前行之路，映见人性的善与美。如今我常常站在母亲身边，一起幸福地嬉笑着、在油盐米醋的平常生活里欢乐着、嬉笑着。正如尼采所说："与恶龙纠缠过久，自身亦成为恶龙；凝视深渊过久，深渊将回以凝视。"反之亦然，凝望美好与梦想，借着光，邂逅漫天星空！

03 梦想成真，服务社会

梦想是人生的灯塔，无论是个人生活还是职业发展，梦想都催人奋进。梦想改造了那个对母亲充满怨恨的女儿，让我从心理学爱好者蜕变成心理职业人，在件件小事、场场活动中，深情有爱地活着。

搁笔之际，我想起高中同学对我的毕业赠言“同窗三年，印象深刻的是你的笑、你的善良，哪怕有人伤害你，你都以笑对之。”我又想起大学同学临别赠言“任凭东南西北风，在平凡的日子里，你活出了自己亮丽的风采！”小学同学前不久对我说：“看到你，就想起校门外多少个深冬清晨，你从书包里掏出热乎乎的红薯和大家共享的画面，那份温暖和香甜历历在目。”

为人要有一颗善良的心，善良往往会成就你。曾经的经历都是财富，促使你不断成长遇见更美的风景。感恩朝夕相处的同学，感恩所有的遇见。愿看到文字的你快乐健康，愿你的梦想照亮你，也温暖他人。

心理学工作帮助我在时空穿梭中享受人际之美。我愿自己成为一个在平凡生活中深情有爱的幸福助人者。爱与梦想让我在工作与生活中保持自尊、自信、理性、平和、积极向上；愿我继续在参与他人生命、聆听他人故事的同时，始终秉承善良、真诚、热情、尊重，以专业和心理学的仁爱精神服务社会，享受人生。

这就是我的故事，平凡普通却触动人心。

愿爱和梦想与我们同在，让我们拥抱外在的美，唤醒内在的光。愿我们追望的永远是碧蓝的天空和破晓的旭日。

祝每个人生活得充实、满足和精彩！愿你找到自己的梦想，勇敢地追求它、成就它，付出爱的同时活出自己满意的模样！

“绽放”是一种能力

—— 五位普通妈妈的成长蜕变故事

她绽放

读书成长书写营

我们五位普通妈妈来自“她绽放”书写营，“她绽放”致力于帮助普通妈妈们通过读书成长，活出绝佳的自己，绽放自己的生命活力。

01
谢谢你来做妈妈的宝贝·小桥的生命故事

2014年平安夜，我发现自己怀孕了，这无疑是我人生中最珍贵的圣诞礼物。然而，喜悦很快被担忧所取代。孕前我曾做过胃部造影，医生的那句“不建议生下孩子”，让我陷入了深深的焦虑。

我四处求医，希望得到一个肯定的答案，但得到的所有答复都令人心碎。我去了北京，希望那里的专家能给我一个不同的答案。然而，当我听到医生说他所知道的成功案例只有一个，其他这种情况的妈妈们都选择了放弃，我的心再次沉入谷底。

在北京的街头，我放声大哭，心中的纠结如同潮水般涌来。是选择听从医生的建议，还是坚持让孩子来到这个世界？这个选择，沉重得让我几乎无法呼吸。

就在我几近绝望之时，遇到了一群有坚定信念的人，她们用温暖的话语和坚定的力量给了我莫大的支持。告诉我要**相信生命的奇迹。**

这些“恩人”如同明灯，照亮了我前行的道路。我决定不论如何都要让孩子来到这个世界。从此我的内心充满了坚定和希望，相信我的孩子一定会健康。

孕期，我每天学习国学经典，我的心越来越平静。终于如我所愿，我的女儿平安健康地来到了这个世界。她的到来，不仅是对我信念的肯定，也是我对生命的一次深刻理解。

之前，我和28位妈妈一起出版了一本纪念的书籍《我不是妈妈我是谁》，继续把我和女儿的故事写到了书里，希望看到这本书的人都能敬畏生命。

如今，机缘巧合我认识了葛瑶老师，让我有机会再次把这个故事写给更多人，同时也把我们“她绽放”书写营另外四位普通妈妈的生命故事写给大家。

02

重拾儿时的梦想·菜菜的生命故事

在生活的舞台上，每个人都有自己的梦想，那是一束照亮前行道路的光芒。

我曾是一个胆小、缺乏自信的人。小时候的我梦想成为一名作家或者画家。《小学生必读》上曾刊登过我写的一段文字，虽然简单，但对我而言意义重大。尽管后来因种种原因未能继续写作，但那份遗憾始终埋藏在我心底。

直到有一天，我接触到了国画，它像一盏明灯，照亮了我全新的世界。国画课上，老师鼓励我拿起毛笔，勇敢地在宣纸上留下第一道痕迹。那一刻，我感受到了笔墨与纸张之间的独特触感，墨汁的渗透和晕染，让我对未知和惊喜充满了期待。

国画不仅成为我生活中的一部分，更是一种心灵的寄托和文化的传承。它教会我以独特的视角观察世界，以宁静的心态面对生活的喧嚣。在不断学习和实践中，我逐渐领悟到，国画是一种艺术，更是一种生活的态度。

梦想，就像一盏永不熄灭的灯，无论遇到多少困难和挫折，都能给予我们勇气和动力。它让我们的生活不再单调，而是充满了色彩和奇迹。如今，我重拾儿时的梦想，继续书写，用笔墨描绘出最真实、最美好的自己，实现自己的人生价值。

绽放，是一种能力，更是一种心态。让我们保持乐观积极的心态，无论顺境还是逆境，都能勇敢地追求梦想，让生活因梦想而更加精彩。

03
在文字中遇见更好的自己·薇薇的生命故事

在这个充满挑战与变化的世界里，我始终相信，梦想是点亮生活的光芒。原来的我只在家庭与工作的双重角色中徘徊，直到二宝的到来，我的生活轨迹被彻底打乱。面对身体的虚弱和生活的重压，我一度感到迷茫和疲惫。就在我几乎看不到任何希望的时候，一本尘封的日记本重新点燃了我的梦想。

我开始在日记中记录生活的点滴，从孩子的成长到个人成长。文字成了我释放情感、表达自我的出口，也成了我与世界沟通的桥梁。在书写中，我找到了内心的平静和力量，仿佛每一次触笔都在心田上绽放出一朵小花，逐渐点亮了我原本荒芜的心田。

加入"她绽放"读书群后，我遇到了一群志同道合的女性，她们用文字记录生活，用阅读丰富心灵。在这个群体的鼓励和陪伴下，我更加坚定了自己的梦想。我开始和大家一起尝试不同的写作形式，从读书笔记到梦想日记，从成功日记到感恩日记再到各种主题写作，我的每一次书写都是对生活的热爱和对梦想的追求。

我不仅在文字中找到了自己，也在阅读和学习中拓宽了视野。我购买了各类书籍，从理财到亲子，从自我成长到其他领域，知识的海洋让我变得更加丰富和自信。我还开始关注自己的外在形象，学习美容和运动，报名参加资格证书考试，每一步都是向着更好的自己迈进。

回首过去，自己虽然普通，但也有一些生命的高光时刻如同璀璨的星辰，照亮了我的人生。高中时的十大歌手比赛，我克服了紧张，用歌声赢得了掌声和荣誉；成为母亲的那一刻，我感受到了生命的神圣和伟大，两个孩子的到来让我的生命更加完整；与大宝一起走T台，我们共享了时尚与光芒；一家人在海景别墅的假期，更是温馨而惬意……这些都是我人生中不可磨灭的高光时刻，未来我会坚持用书写记录任何珍贵的时光。

梦想如同一束光，照亮了我前进的道路，我相信，只要心中有梦，生活就会因你而点亮，因你而精彩。

04
勇敢追求梦想·文娟的生命故事

绽放是一种能量，它让我们在生活的每一个角落都能找到属于自己的光芒。我的故事，是关于如何在逆境中坚持梦想，让生命之花绽放的历程。

我出生在农村，从小体弱多病，一直在生死边缘挣扎。我20岁时母亲去世，我从小就学会了在绝望中寻找希望，内心的坚韧让我一次次从困境中站起，像那红梅在寒冬中，绽放出自己的光彩。

我很喜欢《大长今》这部电视剧，它给了我很多力量。主角长今从一名小宫女到御膳房高尚宫，再到三品医女。大长今的故事激励我不断突破自我，成就非凡。

农村的一切都是治愈我的良药。在果园里，我感受到了果实挂满枝头的喜悦，也体会到了辛勤和汗水的价值。每当看到羊群在我的照顾喂养下健康成长，我的内心就充满了满足和自豪。

我现在的梦想是成为心理咨询师。近年来，我开始学习心理学的知识。希望将来可以用自己的经历和所学去帮助那些陷入迷茫和困顿的人们。在这条路上，我会不断学习，不断实践，直到实现梦想。

我一直身体不好，又经历过失去双亲的痛苦，这让我更加珍惜身边的人和事。我学会了感恩，感恩那些在我生命中给予我帮助和支持的人，是他们让我在黑暗中看到了光明。

我相信，只要我们勇敢地追求梦想，就能点亮生活，绽放出属于自己最美丽的光彩。

05
养育孩子，突破自己·王闪闪的生命故事

妈妈养育孩子的过程，也是突破自我、不断养育自己的过程，虽然伴随着各种艰辛，但是回忆起来还是满满的幸福！

2012年，我得知自己怀孕无比开心，但接下来的两三天，我接连有出血的症状，而且每次出血量都加重。医生说这是先兆流产，由于出血较多，建议我放弃这个孩子。当时我又着急又伤心，我不想放弃孩子。

在家人的关爱和我的努力下，我每天注射黄体酮，坚持卧床休息，终于保胎成功。

2013年，腹中胎儿因脐带绕颈，我又经历了剖宫产的考验，终于让孩子平安降临。产后，我面临乳腺炎和母乳不足的困境，但在家人的支持下，我努力克服种种困难，坚持母乳喂养，并与孩子建立了深厚的情感纽带。

孩子一周岁三个月左右第一次因肺炎住院，输液的医生是实习生，头上连扎了3针也没扎进去。孩子疼得哇哇大哭，当时我就下了一个决心：一定要学习保健知识，增强孩子的体质，尽量少去医院。于是，我买了一套由崔玉涛医生撰写的家庭育儿书籍，开始学习常见疾病的预防方法。

转眼，孩子已经11周岁了。在养育过程中，我经历了种种考验，克服了重重挑战，成为更好的自己。作为母亲，我希望女儿以后也能积极面对困境，拥有幸福而多彩的人生。

人需要有梦想，一个梦想足以鼓励和激发你的潜能。我们这五位普通的妈妈生活在小县城，故事虽然普通但也是我们真实不凡的人生。每一个努力成长的人都值得被书写和记录！

梦想之光，在逆境中寻找希望

牟俊颖

医务工作者

在人生的长河中，梦想如同一盏明灯，照亮我前行的道路，赋予我生命的意义和方向。每个人的梦想都有其独特的起源和发展轨迹，而我的梦想之旅，是亲人用生命唤醒的，旅途中有贵人相助的幸运，有因果无常，我在在迷茫中不断寻找希望……

01 外婆用生命唤醒我的学医之路

20世纪70年代末，我出生在一个偏远山村，那里的人们勤劳朴实。我的童年在金河的陪伴下度过，这条河见证了家乡的变迁和我个人的成长。我的父亲是村里的党员干部，当过村会计，母亲是地道的农民，在家干着农活。我出生时，母亲难产，是医生的及时救治让我得以来到这个世界。

我从小体弱多病，记忆中总是与各种疾病作伴，因此我的求学之路并不平坦，导致我用了七年时间才完成小学学业。病痛并没有打败我，也许是在提醒我寻找人生的方向。我与村里其他女孩不同，对针线活没有兴趣。热爱阅读的我，更喜欢沉浸在书本的世界，对知识的追求从未放弃。

小学毕业之后我没有考上理想的中学，只能到离家很远的大山中学读书。大山中学离我家有2小时的山路，尽管初二期末时我的成绩不佳，但在老师和父母的疼爱和支持下，我有了新的机会。

机会出现在我升初三那年。我二弟考上了我梦寐以求的中学，父亲在送他报到的路上遇到了我曾经的恩师赵老师，他成了我转学的桥梁。在赵老师的帮助下，我得以转入梦想中的学校复读初二。

就在这一年，命运的波澜在不经意间又闯入了我的世界，我60多岁的外婆突发脑出血，发病后无法说话，痰在喉间嗡嗡作响。因受当地当时医疗条件限制，不久外婆与世长辞……

由于离家太远，我也没能回去见她老人家最后一面。外婆的突然离世如同一记重锤，让我意识到生命的脆弱，也让我感到无能为力和自责。如果当时我们的小村庄医疗条件好的话，外婆可能不会那么早离开人世。

从那一刻起，我立志学医。挽救成千上万如我外婆一样病人的信念，成为了我学医路上的一盏明灯，照亮了我前进的方向。于是初中毕业后，我毫不犹豫选择了学医。

02
亲人的变故让我开始自我成长

中专毕业后，我顺利进入医院检验科工作，一做就是23年。

回忆起我刚工作几个月后的某天下午，我突然接到了父亲意外去世的噩耗。当时，他是村里的电工，在一次夜间抢修中不幸触电身亡。父亲离开了，留下爷爷、母亲和我们5个兄弟姐妹。料理完父亲的后事，我隐藏着悲伤，继续投入在医院的工作。

工作三年后我成了家，丈夫是某中学数学老师。成家第二年，大女儿出生了，而我为了提升自己的专业技术，我参加了成人高考并考上了川北医学院的医学检验专业。

我每次去学习，只能将女儿留给老人或小姑照顾。有一次在川北医学院的心理学课上，我听到一个故事，讲的是有一对夫妻，生了一个女儿，妈妈忙工作没有时间照顾孩子，女儿是爸爸一个人从小带大的。小女孩上初中时心理出了问题，与男性关系亲密。后来女孩考上了大学，她的问题就更严重了，只要有男性喊她，她马上就跟着走了，无法专注学业，最后大学没有毕业就退学了。

这个故事让我深感内疚和不安，我就像那位妈妈，为了生活和工作，疏于照顾自己的孩子。这也是我第一次认识到一个人心理健康的重要性。

2011年，我婆婆被诊断出患有焦虑症和抑郁症，这对我们家来说是一个巨大的打击。婆婆是一个勤俭持家、聪明能干、乐观开朗的人，我们全家人，包括她自己，都不相信她会患这样的疾病。后来得知，这就是一种叫“阳光型抑郁症”的心理疾病。

我继续深造，两年半后拿到了本科文凭。虽然我在学历上的梦想已经实现了，然而，生活的挑战并未结束。婆婆的病情日益严重，最终在2014年离开了我们。她的离去让我感到深深的无力和迷茫，我开始怀疑自己：我是一名医务工作者，却帮不了自己的婆婆。这一次，更加坚定了我要学习心理学的决心。

2021年，我的母亲突然开始大笑不止，睡眠质量变差，还常常听到有人在耳边骂她，后来才知道她这是幻听症状。幺妹带着妈妈去华西医院看病，被诊断母亲患有精神分裂症、焦虑症、抑郁症、失眠症等。

幸运的是，我们兄弟姐妹共同陪伴母亲渡过了难关。母亲在药物的帮助和家人的悉心照顾下，慢慢康复，至今没有复发。

经历了亲人的相继离世、母亲的心理疾病，我逐渐从痛苦中觉醒，又开始思考生命的意义，人活着是为了什么？我是谁？我想过怎么样的人生？

工作之余，我开始在线上学习，寻找答案。其间学习了中华传统文化、曼陀罗色彩分析、数字心理学、人类图的天赋解读、心理学创富、临终关怀等。在网上我认识了许多大爱、无私、智慧的老师和同学，感到自己非常幸运。和他们一起学习，让我看到了未来的希望，我的心也慢慢平静下来了。

03
不忘初心、重拾梦想

2023年9月我又有幸到上级医院学习三个月，新老师、新同学的敬业精神感染着我，让我逐渐找回了工作的意义与价值。在此期间，有业余时间，我就持续学习心理学方面的知识。在独处的日子，我享受着孤独，常常回想曾经遇见的人事物，除了几许忧愁，更多的是心怀感恩！

2024年，我在一个培训班认识了葛瑶老师，她邀请我一起出一本关于梦想的书籍。当我听到“梦想”两个字的时候，我埋藏在内心的种子突然发芽了。早在2023年，我就开始每周写一篇文章，写作也变成了我自我表达和自我疗愈的方式，让我在迷失中找到了对生活的希望和热爱。

在生活中，我们会经历各种各样的情绪，如愤怒、悲伤、焦虑等。很多时候，这些情绪如果不能得到妥善处理，就会在内心积压。写作为我们提供了一个安全的出口，可以通过写日记的方式，把内心的失落、不甘和对未来的迷茫全部倾诉出来。在文字的书写过程中，这些情绪就像被疏导的水流一样，从内心流向纸面，从而减轻心理压力。

写作的梦想照亮了我的生活，让我在迷茫中坚持寻找希望，不断前行。我相信，只要我们怀揣梦想，不忘初心，无论遇到多少困难和挫折，都能够找到属于自己的光明。未来的日子里，我将继续追逐自己的梦想。

不必追光，活出自己的梦想光芒

林格（Green）

情绪疗愈师

“梦想清单”课程认证讲师

梦想悦读社群召集人&策划人

如果10年前有人告诉我："时光的线拉到10年后，你会通过写故事记录追梦路上的生命，用你的故事，帮助追梦人点亮生命。"我会觉得这是天方夜谭。而此刻我将通过文字的力量向你描绘这个比一千零一夜童话还要奇妙的追梦故事。

01 孤独中孕育梦想

小时候的我是一个孤僻不合群的孩子。在校园里，我常常独自坐在角落，看着同学们嬉笑玩耍，自己却仿佛置身事外。我有一个爱操心的父亲，他总告诫我要融入集体，可那时的我，沉浸在自己的小小世界里，整日与文字漫画为伴。然而，同学不经意间的一个微笑，如同一把钥匙，打开了我紧闭的心门。

从那以后，我开始融入集体。虽然我依然享受独处的时光，但不再孤单，在那些漫长的孤独岁月里，我与绘画结下了不解之缘。

初中时凭借对绘画的热爱和执着，我在老师的指导下，用心创作了绘画作品《大好河山》。当得知这幅画获得省级奖项的那一刻，我激动得热泪盈眶。

那一刻，我明白了。孤独低谷期要坚持热爱，慢慢地它会成就梦想。

“循此苦旅，以达天际，穿越逆境，直达繁星。”曾经，因为我动作慢而没有一个朋友，没有人愿意和我玩。这些孤独的岁月令我一度封闭自己。后来我发现，这些经历都是上天给我安排的珍贵礼物。如果没有那段孤独时光，我或许无法专注自己热爱的绘画领域，也无法在安静的环境中完成成长，创作出《大好河山》这样的作品。

每一次挫折和困难，都是成长的机遇，只要我们勇敢地穿越逆境，就能抵达梦想的星辰大海。

02
挫折中砥砺前行

高中时期的我，曾因早恋荒废学业，高考复读也接连失败。那段日子，迷茫和焦虑如影随形，我仿佛在黑暗中徘徊，找不到前进的方向。但人生总是充满了转折，一次偶然的机会，我成为国内知名创新教育机构城市社群发起人。

从那时起，我找到了新的人生目标：将优质的师资带到潮汕这片土地，帮助更多人通过改变自己去实现梦想。产后的我，曾一度陷入抑郁焦虑情绪中。为了尽快地从情绪中走出来，我将精力投入组织策划活动中，和伙伴们一起努力，让一期又一期活动成功落地。

每当我许下一个对更多人有益的愿望时，我都会全力以赴地去实现它。在这个过程中，我明白梦想的实现需要脚踏实地，从每一件小事做起。将大梦想拆解成一个个小目标，在每一件小事上磨炼、锻炼，见证自己的成长。只有这样，我们才能不断积累，最终实现那些看似遥不可及的大梦想。

“一个人可以走得更快，一群人可以走得更远。”每一次我获得的惊喜和成就，都离不开团队的托举。当我积极为一座城市的经济文化发展贡献自己的力量时，我也收获了无数的成长和宝贵的情谊。在我了解团队伙伴是否想把课程分享带进汕头时，大家的热情回应让我充满动力。我们齐心协力，将“梦想清单”课程体系创办人李婉萍老师邀请到汕头来开分享会。在这个过程中，我不仅帮助了许多伙伴清晰地了解自己的梦想，还实现了自我救赎，找回了内心的力量。也因此我结识了一群亲密的伙伴，获得了与优质嘉宾合作的机会，我们共同发愿，努力前行，最终成功助力100人梦想成真。

这段经历让我明白，只要勇敢面对困难，就没有过不去的坎。在追求梦想的道路上，一个人的力量是有限的，而团队的力量是无穷的。

03
在孤独与失落中重新出发

在取得一些成绩之后，我却又陷入了新的困惑。成功带来的不是满足，而是巨大的孤独和失落。我开始质疑组织策划活动的意义，失去了带好团队的信心。

生活的打击总是接踵而至。祸不单行，我在电子商务公司探索第二职业曲线，为实现业绩目标全力以赴时，一个电话犹如晴天霹雳，打破我生活的平静——一直陪伴着我、支持着我的姐姐永远离开了我。

姐姐患有抑郁症，出事前她曾经希望我陪她，而我因忙于工作，为了赶业绩进度而没能在她最需要我的时候陪伴在她的身边。这件事成为我心中永远无法弥补的伤痛和遗憾。此刻我要化悲伤为力量，要带着姐姐的爱继续前行。三年的拼搏，无数个日夜的奋斗，我从电子商务公司业绩垫底小白到月度销冠，又一步步蜕变成区域年度销售冠军。

我不断地获得荣誉，为部门准备培训，主持商业活动，与榜样同台。在实现了业绩目标后，我决定带着对姐姐的思念和126位支持者的签名背包，踏上戈壁之旅。在那茫茫戈壁上，我遇到了一群志同道合的伙伴，他们给了我温暖和力量，我们相互扶持，完成了108公里的众筹徒步挑战，获得沙克尔顿奖。

在探索自己生命更多可能性的道路上，我跟随国内外知名心理学老师们学习实修。2023年3月12日，我通过“梦想清单”课程体系的认证，正式成为一名“梦想清单”课程讲师，累计开展17场梦想主题工作坊，近100场活动，影响陪伴约1 000人实现梦想。

2024年，30岁的我重新出发，跟随问心卡牌发明人合道老师深入学习教练技术，在半年多的时间里，我带领小组不断努力，获得了商业实战营的个人冠亚季军奖以及团队奖。

这些成绩给了我更多信心，让我坚定地为追梦人做商业咨询，助力他们找回按下梦想确认键的信心，影响和帮助孤独的个体。现在，我正在策划专属于追梦人的10年分享会，正走在幸福的道路上。

04
和孤独温暖相拥，遇见天赋礼物

曾经，我总是为关系的聚散离合而烦恼，在分离与遇见的循环中痛苦挣扎。通过写作我开始真正地面对自己的内心，我看到了自己内心的孤独，也明白了我一直期待外界能给我的内心带来温暖长久的爱。

温暖的爱无须外求，“爱和孤独”是我与生俱来的天赋礼物。我才恍然大悟：我是我的问题，我也是我的答案。我不再抗拒和否认自己的孤独也是爱的另一面。我决定带着它去支持更多人，帮助他们找回自己，提升生命的能量。

在这段人生旅程中，我逐渐找到了自己独特的特质和优势。我始终坚持不随波逐流，勇敢地追求心中的梦想，哪怕前方充满了未知和挑战，我也会屏蔽外界的声音前行。我允许自己在人生的道路上遇见爱与孤独，接纳它们成为我生命的一部分。

我的伙伴们都说我认真上进、温和勇敢、坚韧、有领导力、行动力强，无论遇到怎样的逆境，我会保持乐观的心态去穿越，用自己的方式去克服。我养成了定期总结复盘的习惯，在逆境中吸收总结成功经验，找到解决问题的方法。

也许正是因为我始终怀揣着积极向上的心态，坚信凡事发生皆有礼物，越努力、越感恩就越幸运，所以在实现梦想的路上，我会像是拥有吸金体质一般，吸引到贵人的助力支持，最后总能顺利完成与梦想的约定。

我一直有个写作梦想，希望通过文字叙述来表达自己的生命故事，与同频的人在精神上有链接和互动。我深知在这个世界上，有许多人和曾经的我一样，在孤独中徘徊，在挫折中迷茫。我希望我的故事能够成为点亮另一个生命的梦想力，帮助他们找到前行的方向。

这一切都让我更加坚定了自己的写作梦想。我相信，只要我坚持不懈地努力，一定能够实现更美好的目标。

正如漫画家几米所说："孤单时，仍要守护心中的思念，有阴影的地方，必定有光。"你永远不知道谁会因绽放梦想的光芒，而走出人生的绝境。

让天下没有贫穷的老人

周佳

高净值财富管理规划师

中国传统文化传播者

我叫周佳，是一名从互联网产品经理转型的养老规划师，也是农村城市的两栖生活发起人，致力于鼓励更多年轻人走出内卷，活出自我！

01 我的两次出生

一个人一辈子需要出生两次，第一次是生理上的出生，第二次是精神上的出生——知道自己应该成为一个什么样的人！

我的第一次出生，是在1991年。我出生在浙江丽水，5岁跟随父母离开家乡，去温州生活。从小到大，我像大多数女孩子一样乖巧，似乎没有叛逆期。其实我的叛逆期只是来得晚了一些！

28岁前，我蹦过极、潜过水、骑行过川滇线，做过沙发客，还当过6年的民宿房东，去过巴基斯坦、伊朗旅行，为平平无奇的生活增加了些许色彩！

我也曾梦想仗剑走天涯，奈何门票和路费都很贵。2014年至2019年，正是互联网蓬勃发展的时期，在毕业的5年里，我在互联网行业换了8份工作，搬了6次家。28岁还是月光族的我看似潇洒，夜里却经常焦虑到失眠。互联网公司的扁平化管理，使我的晋升通道变窄了，只能被迫换工作，但是，下一份工作在哪里？30岁以后的我还能找到好工作吗？

每当夜深人静时，我总会想：我擅长什么？喜欢什么？做什么工作不容易被替代？大多数年轻人都曾有过这样的迷茫吧？也许小时候受温州人创业精神的影响，我心中一直有个创业梦，但又苦于没钱、没人、没项目。

直到2019年，28岁的我误打误撞进入了养老金融行业，开启了我的第二次“出生”。这里不仅消除了我的焦虑，带给我使命，还满足了我对美好事业所有的想象。

在我最迷茫的时候，我遇到了事业导师，她为我做了一次全生命周期的梳理，算了算未来养老要花多少钱。

以前的我只会埋头赶路，不知道抬头看天。我从来没想过自己退休后要怎样生活，甚至觉得不需要这么早去考虑这个问题。但当我听完导师的分析之后，才发现自己对养老问题了解得太少了！

不知道大家有没有算过自己退休后的花费？比如未来60岁退休，一个月花多少？一年要花多少？30年的话一共要花掉多少钱？不算不知道，一算吓一跳啊！

这笔庞大的费用如果在60岁前存够的话，我从28岁开始，每年至少要存够多少钱才能满足我退休后的生活？

90后的我们看到了50后、60后的创业神话，70后、80后买房暴富，总觉得未来年薪百万不是梦，所以往往没有存钱的概念，甚至提前消费。而通过规划，假设我购买某种养老产品一年只要6万，连续交20年，总共准备120万，就可以让我从60岁开始，一年领12万，直至终身，而且至少还有120万以上的钱剩下，甚至还可以传承给下一代。在这样理想的状态下，我就可以不为养老问题犯愁了。

我非常感恩自己在不算太晚的年纪了解到这样的资讯，也是从那一刻起，我有了储蓄和规划的意识，也希望能把这样的资讯带给更多没有财商理念的人。

那时，公司的愿景是“让天下没有贫穷的老人”。那一瞬间，仿佛有一束光照进了我的生命。以前工作只是为了糊口，而现在的事业很有意义。也正是这句话，让我更清晰了自己的方向——我要为中国的养老事业做一份贡献！

于是在2019年3月，我转型成为养老规划师，并从28岁开始为自己准备养老金。让每一笔钱都有清晰的流向，内心也会更安定。未来经济如何，房价是涨是跌，股票到多少点，这些都不是我们能决定的，我们唯一能确定的就是自己的能力以及存下来的、不被挪用的钱，年轻的时候照顾得了家人，年老的时候养得起自己，这也是我们面对未知、应对挑战的底气。

02 跨越瓶颈期

我转型的第一年非常顺利，有新手运气，又遇到政策调整，9个月的时间就拿到了行业的各种奖项。但好景不长，行业受到了大环境的影响。但我没有放弃，一边巩固专业知识，一边去认识和拜访更多的人。我每天会花1/3的时间在学习和训练上，日复一日，精益求精，有效次数的积累让我感受到量变到质变的飞跃。同时我每天至少约见2个人，不管是否与工作相关，然后从每个人身上学习他们的优点。

就像十多年前翻山越岭骑行时的感悟，不管我骑得多慢，只要是往上走就总能登顶，只是时间问题。而我当下也是如此，虽然走得慢，但只要没有停下，总有一天可以守得云开见月明，因为我知道方向是对的。

幸运的是在事业瓶颈期时，我又遇到一位人生导师。他与我分享生命智慧。他告诉我：人只要做好两件事，这一辈子都不会差的，那就是“福慧双修”——对外修慈悲，对内修智慧。

对外修慈悲，就是指对待他人，不管是说的、做的还是想的，都要好的，是真心利他的。慈悲就是予乐和拔苦——给别人带来快乐，拔除别人的痛苦。其实这也正好是我所做的事业，通过健康保障的规划帮客户摆脱担忧，通过终身现金流的规划协助他们实现梦想。

而对内修智慧，则是要给自己更多时间，不是每天瞎忙，我们可以花一些时间让自己静下来，去观照内心，比如打坐、冥想，哪怕放空都可以，因为定能生慧，会有出其不意的效果。

所以，当我们迷茫困惑的时候，一定要守正，做好自己，同时要走出去，走出去就有机会！

03
创造理想的生活

生活的理想就是创造理想的生活。我更喜欢将自己的身份定义为幸福规划师。何为幸福？离不开三点：身心健康、财务健康、关系圆满。

对于养老规划来说，它不仅仅局限于养老金的准备，还包括身体的健康和内心的安宁，以及家人朋友的陪伴。

2024年4月，在听了梁永安教授的《AI时代下，年轻人如何安身立命》之后，我一直在思考：我还能为社会做些什么？我发现很多城市里的年轻人眼里没有光，他们的压力很大，卷又卷不动，躺又躺不平。这个卷什么时候才会到头呢？

有没有可能让年轻人提前感受退休生活？让他们在高压之下找到一种方法可以实现生命状态的平衡？或者可以更勇敢地

探索新的生活方式？比如青蛙可以水陆两栖，我们是不是也可以农村城市两栖呢？

于是，我发起了一个年轻人的短暂养老计划——两栖生活。这也是我理想的生活。比如，我平时在上海，一个月可以花一周时间待在农村，真正地放空、休息，用大自然的力量去疗愈，为自己补充能量，去思考自己到底在追求什么，而另外三周时间可以在城市更高效地工作。

当然不是所有工作都像我这样自由，那就看你有没有勇气去尝试和改变，创造自己喜欢的生活方式。并不一定是升职加薪、买房买车、走上人生巅峰才是成功，我们完全可以自己定义成功——活出你自己！

04 我的梦想

人生就是一场修行，做一个终身成长者。我喜欢读书，喜欢旅行看世界，喜欢跟不同的人打交道，喜欢不断地学习。这几年，我学了教育规划、心理学、催眠、国学、颂钵疗愈，就像打怪升级一样，不断地去尝试新鲜事物！

当我们做了一些以前觉得不可能做到的事时，就是赢的感觉。用贾玲的话来说，人生总要赢一次！正如《炼金术士》讲的：“当你全心全意朝着你的梦想前进的时候，整个宇宙都会协调起来帮助你的！”

我的愿望是：愿身边没有贫穷的老人。组建自己的千人团队，服务10万个家庭做好幸福规划。

我的梦想里承载着你的梦想。不管是作为幸福规划师，还是两栖生活的发起人，我都把自己定位为一个支持者。不论你是谁，希望经由我，可以让你看到这个世界的一丝善意，成为更好的自己。让树成树，让花成花，让每个人活出闪闪发光的自己，活出大自在的人生。至此，我的愿望便也达成了。

每个人都是一盏灯，一路走来，我曾被大大小小的灯光照亮，让我的小火苗变成明亮而温暖的灯，我也将去照亮更多的人。未来的某一天，面对万家灯火，我想我一定会热泪盈眶。

最后，祝所有的朋友们，身体健康无疾病，心灵健康无烦恼，五福人生得圆满！

护佑心灵，点亮“心”希望

▶▶▶▶

陈元捷

中学心理教师

国家二级心理咨询师

当黑夜悄然来袭，阴霾笼罩了心灵，在黑暗中无助的灵魂彷徨于漫漫长夜之中……此时一盏微亮的烛光就好似明灯一般照亮了夜的寂静，抚慰着受伤的心，直到辰星在天边亮起。

每个人的人生旅程或多或少都有过不如意的时刻，我们也会以各自不同的方式去应对，这与成长经历、性格特征、家庭背景、时代特点、生活环境、所面临的事件等有着不同程度的联系。

而学校就如同这些缩影，能看到千万条不同的人生轨迹。当稚嫩的心灵陷入黑夜，**我愿为之点亮希望的明灯，找到“心”所渴望的方向**。因为在我的少年时代也曾迷失在这漫漫黑夜之中……

01
我的少年时代

少年时代我也曾彷徨过、迷茫过，经历家庭的矛盾，陷入抑郁与焦虑的漩涡，思考生命的意义……那时的我正好看到中央电视台的一档节目《心理访谈》，看到了李子勋老师**对人生百态及各类心理问题的独特理解与解构、对来访者的慈悲，这些**

深深地触动了我，“心理学”这一词语自此烙印在我心上。

之后我便开始阅读心理学专业书籍，学习心理学的相关理论，尤其是精神分析的理论好似开启了新世界的大门，让我对世界的理解有了全新的认识。于是在大学时代我放弃了从小学习的绘画特长，选择了心理学专业，走上观“心”之路。

大学时代我在华师大心理咨询中心、上海市儿童福利院、张怡筠情商夏令营等地实习，有了不少的实践与感悟，希望追随初心，继续在这一领域贡献自己的力量。

而我毕业后的工作却不尽如人意，我先后在一些特殊教育、心理咨询和教育培训机构工作，运营成本、销售压力等都使许多工作变了味。最后我决定去公立学校做心理健康教育工作。当时上海的初高中正好在推进心理教师的专职化，开始大量招录专职心理教师，我借此机会进入了学校工作。

来到学校，我终于可以投入心理健康教育工作之中，同时也见证了不同的人生故事。

02 在纠缠的家庭关系中重拾希冀

曾经在某个寂静的深夜，我收到了来自小A的一条与众不同的消息：“老师，我离家出走了，又和我妈吵架了，她还报警要抓我。”

原来小A的父母在他刚出生时就离婚了，爸爸现已再婚，几乎与他不再来往，妈妈也很少回家，因投资失败欠下了许多外债，是外公外婆养育他长大的。在他的心里对爸爸妈妈有着深深的怨恨。

经了解，小A离家出走的起因是这样的：这一天小A在家里看着书，外公外婆出门走亲戚，妈妈难得在家，两人却因琐事发生了冲突。“作业写完了吗？还看闲书！”妈妈厉声质问。“你平时不管我，现在倒开始管了？上次要上数学培优班的钱你都不给，你凭什么管我！”小A的妈妈也是被说得气不打一处来：“你这样子和你那不着调的老爸一模一样，整天就想着钱，你真是个白眼狼！”

“你什么时候养过我了？自己在外面欠了钱，追债的都找上门了你在哪儿？都是外公外婆在帮你还钱，是外公外婆养的我，我没你这样的妈妈！”啪的一声，小A妈妈愤怒地打了小A一个耳光，同时流下了伤心的泪水。小A用他那满是怒气的眼神瞪着妈妈，然后用力推了一下妈妈，随即两人发生了肢体冲突。小A妈妈拿起了手机拨打了110，希望警察赶紧把小A抓起来。听着妈妈这令人窒息的话语，小A满怀愤怒、绝望，毅然决然地跑出家门……

翌日，小A主动来到了心理室，他向我诉说着昨夜的一幕幕和满腹的委屈。我倾听着、理解着、安慰着，小A的眼眶也渐渐湿润了，委屈的泪水一颗接着一颗。等他渐渐平静下来，随后我们探讨他与母亲有没有更好的相处和沟通的方式。

另一边，小A的班主任老师也在和小A妈妈积极沟通，小A妈妈也诉说着自己的无奈：投资屡屡失败，与前夫无法沟通，家里亲戚都看不起自己，有孩子在身边也不想寻找新的另一半……倾诉之后小A妈妈也终于整理好情绪：“小A，昨晚是妈妈太激动了，不该动手打你的。”随着小A妈妈的道歉，事件也慢慢平息了。后来几经沟通我们也联系上了小A的爸爸，在了解了现状之后他也很想提供一些支持，几经协商，小A整体的情况也在慢慢变好。

之后小A也会经常找我诉说家里的近况，同时也对未来感到了迷茫。在沙盘中小A摆出了家庭的现状，细细表达着不同的感受，也渐渐地理解了彼此的无奈。我们讨论着改善的方法，畅想着未来的日子。

而今小A已然跨进了大学的校门，有时也会和我说说自己的近况。**在小A的不懈努力下一切都在慢慢变好，正向着自己的理想迈进！**

03
老师的困扰

“我真的不知道怎么办了，我现在想到要进班就紧张……”B老师是一位年轻的老师，她第一年做班主任，所带班级的纪律有些不太理想。她很努力地去管理，但效果并不明显，最近接连出现的一些状况让她感到手足无措，于是找到了我和政教主任。

前几周B老师班里有几位比较调皮捣蛋的学生，发生了打架的状况，她在对学生进行批评教育时有学生顶撞她，家长也各自有着不同的想法，并发生了一些矛盾，这让事情更加复杂；接着又是班里的另一位学生因为学业成绩没达到父母的要求，常常被家长批评，因此产生了不想上学的想法。家长并不理解自己的孩子，焦虑地与班主任多次沟通，这也让B老师倍感压力……随后班里还有一些大大小小的状况层出不穷，接二连三的事情让班级有些动荡，B老师对自己的能力产生了怀疑，觉得自己完全管理不好班级，是个不称职的班主任。

我倾听着B老师的烦恼，理解B老师的感受，给予了她支持，告诉她："这不是你的错！你已经很努力地在管理了，班级有各种各样的状况都是很正常的事情，我们一起想办法来处理，我们都是你的战友。"在帮B老师分析了不同学生和班级的整体情况后我给了她一些建议，还邀请了经验丰富的班主任老师一起帮助她。在众人的帮助下，B老师的状态及时调整了过来，班级的纪律越来越好，学习氛围越来越浓。

正当B老师班级的情况蒸蒸日上之时，意外的状况又发生了。班上有一位小C同学对手机的依赖越来越强，于是趁家长不注意，偷偷拿了奶奶不常用的手机带到学校，不仅下课时在厕所玩，还在上课时偷偷拿出来玩，被发现后他拒不承认。在被要求暂时没收手机等家长来处理时，小C同学突然暴怒，大喊大叫，疯狂地抢夺手机。这可把B老师吓得不轻，甚至出现了应激反应，此后脑海里常常闪过这可怕的一幕……

“这真的是一段非常恐怖的经历，需要一些时间来调整，你休息一段时间调整一下吧。”期间我代理了该班班主任职务，在经过一段时间的调整后B老师的状态好了许多。“刚回来不急，慢慢来，给自己一点时间适应，有什么事情和我说，我一定和你一起解决！”我对B老师说。

在同事们的关心和支持之下，B老师也重新回到了班主任的工作岗位。而今B老师也已经成为经验丰富的成熟班主任了。

以上两个故事凝缩了我日常工作中的一些常见现象：离异、重组家庭、亲子关系与代际冲突、隔代抚养、手机管理、教师职业初期挑战与职业倦怠问题等。

我的工作依然在继续，近些年我参与了大量的专业培训，也取得了一定的成就，但新的问题与挑战依然在不断出现。我希望通过努力践行自己的初心：愿做辰星，点亮黑夜；愿为红烛，温暖寒冬！

梦想之光照亮当下，指引未来

何丽（栗子）

3 年正念冥想带教经验

中国生命关怀践行推广者

国际静观自我关怀中心 MSC 受训讲师

在生命的长河中，梦想如同一束光，照亮前行的道路，指引我们前进的方向，赋予生命更多的意义。我的故事，是关于一个普通农村女孩如何找到并追随自己的梦想，最终在正念冥想和生命关怀里找到自己的生命价值和人生使命的故事。

01 童年梦想：生命旅程的起点

我的寻梦之旅花了32年，在这一段长长的道路上，我经历了迷茫、痛苦、挣扎、自我怀疑、自我麻痹、重整旗鼓、初见曙光……虽然过程漫长，但我最终找到了自己的梦想，它虽不宏大也不伟大，却是我真正热爱的方向，因此我感到无比幸运。

我生长在一个普通的农村家庭，父母都是本分的庄稼人。记忆中，父母经常为“钱”发愁，经济压力让我从小就意识到生活的不易，也让我渴望通过自己的努力去改变现状。

由于妈妈自身的成长经历坎坷，加上家里繁重的农活，她的脾气非常暴躁。我总是小心翼翼地按照她的标准努力做一个乖孩子。我的学习成绩和体育成绩永远是中等，性格偏内向，心思细腻且多愁善感。我从不愿意在人前展示自己，只想在人群中做一个“小透明”。然而，正是这种偏内向的性格，让我更加渴望通过梦想来证明自己。

上学后，我的语文成绩比其他科目都好，自己也更喜欢文科。我的记忆力很好，背诵功课总是早早完成，也常得到老师的表扬。在写作方面，我表现不错，有好几次作文被语文老师在班级里分享。被老师表扬时，我虽会羞涩脸红、心跳加速，但又有一丝喜悦与自豪感。也许就是这些积极的体验，无意间在我心底种下了写作的种子，让我萌生了长大后成为作家的梦想。

02 痛苦与迷失：生命的磨砺与馈赠

32岁之前，每当我独自一人时，内心总有一种淡淡的忧伤和深深的迷茫。对未来的困惑如影随形：我不知道自己该何去何从？我是谁？我要去哪里？什么样的生活才是我想要的？这些问题一直困扰着我，而我无法从内心找到答案，也不知该如何向外求援。

2019年，我经历了怀孕和生育二宝，产后因为孕激素快速下降，我患上了中度抑郁，整个人的状态非常差。那时，我眼中的天空除了一片灰蒙蒙，再也没有其他的颜色。自己刚生下的粉粉嫩嫩的小女儿也无法吸引我的注意力，我如同行尸走肉般“活着”，脑海中只觉得“什么都没意思”。这种情况持续了一段时间，我突然醒悟——**我需要自救，我要帮自己，我要找到属于自己的生命意义。**

于是，我开始寻求心理专业人士的帮助，也从那个时候正式开启了心理学方向的付费学习之旅。后来，我又接触到正念冥想，经过一段时间的练习，我发现自己焦虑、抑郁的情绪逐渐平和，整个人也慢慢放松下来。因为学习带来了实实在在的益处，我便投入更多时间去深入学习正念冥想。那时，我开始思考自己的未来。

我希望自己不会因年龄而被职场嫌弃或劝退，找到一份随着年龄增长反而越有价值、越自由洒脱的职业。这种对未来美好的渴望让我更加坚定了寻找并实现梦想的决心。

于是，我将目光投向了自己正在学习并从中受益的“正念冥想”。未来，我可以自己开一个正念冥想工作室吗？我可以成为一名正念冥想老师吗？就这样，我在心里种下了新的梦想的种子——我要当一名正念冥想老师，要开设自己的线下工作室。

但在选择未来职业这件事上，我的想法与家人的观念产生了严重分歧，每次提及，总是不欢而散。母亲看到我听课学习、记笔记，就会大发雷霆，甚至多次威胁要撕掉我的笔记本；因为学习，我没有更多时间陪伴老公，影响了亲密关系。我意识到，如果我一意孤行地坚持梦想，可能会导致家庭不和睦。我理解他们的担忧，这种家庭阻力让我深刻体会到，**实现梦想的**

道路从来不是一帆风顺的，但正是这些磨砺，让梦想本身显得更加珍贵。

在这种情况下，我有过痛苦，心里觉得委屈：为什么自己明明做的是正事，却得不到家人的支持？如果在追逐自己梦想的路上，面对家人如此大的阻力，我是否应该如同过往一样听取他们的意见选择放弃？如果这辈子不能为自己而活，那就做个没有想法、没有梦想的“木偶人”吧！然而，事实证明，做“木偶人”也并非易事，因为梦想的种子早已在我的心底生根，想要掩埋它、假装看不见，对我来说比之前更痛苦。这让我更加明白，梦想不仅是生活的指引，更是内心深处的坚持。

03
梦想照进现实：光明指引未来

幸运的是，我学习了正念，能够迅速觉察到自己的想法，并进行正向的转念。我深知自己此时实现梦想的决心坚定不移，同时也理解家人持反对意见的出发点是出于善意。但这一次，我既不想向家人妥协，也不想选择强硬对抗。我决定通过自己的坚持与努力，或许有一天能够赢得家人的理解与尊重。转念之后，我的心中不再有委屈与抱怨，因为我是在为自己的梦想努力和坚持。从那时起，我将学习时间调整到不影响家人的时间。他们入睡后，才是我专属的学习成长时光，我常常在晚上

11点后聆听心理学和正念冥想的课程。

同时，我在心里问自己：如果我想成为一名正念冥想老师，还需要做哪些准备？需要提升哪些能力？该如何行动才能助力自己梦想成真呢？

我不擅长展示自己，缺乏自信，人际交往能力是我的短板，语言表达和逻辑思维也亟待提升，正念冥想的引导技能同样需要更多的实践与精进……

经过很多次自问自答之后，我迅速整理出具体的行动指南。

（1）重新启动已停更多年的朋友圈，每日至少在朋友圈分享一条内容，记录自己的学习、成长与思考。

（2）注册“正念喜舍”公众号，持续更新原创文章，哪怕我的文笔不够好，但行动起来比空有想法更重要（我的公众号有很多篇文章是我趁家人睡后，躲在厕所里用手机完成的，所以发文时间常常卡在午夜0点之前）。

（3）做100场直播，每天5—7点的晨间直播带领陌生人练习正念冥想，有人参与时当作真实带领，没人在线时就当作自我演练（目的是锻炼我的镜头表现力、语言表达能力、冥想带领能力等）。

（4）每周组织线下、线上的免费冥想带领活动，提升技能，让更多人了解我在做的事情。

在我坚持晨间直播近80天后，终于迎来实现梦想的契机。国内一个排名前五的心理平台招募正念冥想老师，优先考虑本平台的优秀学员，平台要求对方在完成冥想课程后有丰富的带领经验，并能持续精进技能。由于该平台规模较大，付费学员众多，优秀人才也很多，想要在招募中脱颖而出并成功签约并非易事。然而，我凭借之前的努力和积累，最终顺利签约，成为一名正念冥想带领老师。我靠着付费学习的技能成功转型并获得可观收入，我的梦想终于照进了现实。截至目前，我带教过的正念冥想课程付费学员已近1 000人。

2021年，我的梦想再次照进现实。我成立了线下身心灵疗愈空间，成为“正念喜舍”空间的主理人。这不仅是对我努力的回报，更是梦想照亮生活的有力证明。它证明了**即便是如此普通的我，也能拥有并实现自己的梦想，我的生活也因梦想而被更多地点亮，变得更加生动美丽！**

2024年4月，我将自己的另一个梦想付诸行动——传播生命关怀与死亡教育。我开始从事公益的临终关怀服务，每月开放免费的哀伤疗愈个案名额，组织近百名本地市民参加公益观影活动；带着自己的孩子们去做生命关怀义工，报名成为临终关怀义工，申请加入线下的老人心灵呵护公益机构……我希望用自己的余生能够陪伴更多生命，呵护更多心灵，让生命更有温度，更有爱！

未来的路还很长，我仍有许多梦想等待实现：我想学画画，希望能出版生命教育的绘本，想在学校里发起生命关怀活动——“花园里的生死观”，想为更多孩子早日补上这一堂人生必修的生命教育课……

梦想之光不仅照亮了我的生命，也点燃了我心中更多的慈爱之火。**我坚信无论多么普通的人，不管处于何时何地，只要我们心中有梦，眼中有光，就能成为自己和他人生命中的一束光，照亮生命，点燃热情，播撒温暖！**

用生命影响生命，把自己活成一道光

韩霞

中医皮肤科医生

亚健康能量调理师

《梦想照亮生活》这本书点燃了我心中梦想的火花，用文字讲述自己成长的故事。54岁的我好像已经过了做梦的年龄，而我那颗久冻的梦想种子，开始在春风中苏醒，破土而出，迎接新生。我渴望活出真我，追求梦想，用自身的故事为读者带去快乐、阳光和力量，以此影响他们对生活的热爱。

生命中的贵人以其精神力量启迪我，让我的生命更加精彩，我梦想着我的故事有助于他人，让他们在挑战中找到价值和意义。我想起一宁老师说的话："成为优秀的自己是给予他人最好的礼物"。我坚信，自我提升是掌握人生的关键。

我的故事是关于在失去、痛苦和迷茫中寻找力量的旅程。希望我的经历能够激励那些正在经历困难的人们，无论处境多么艰难，总有希望在前方等待他们，让我们一起追逐梦想，照亮彼此的生活。

01 天塌了

我出生于河南省长垣市的茅芦店村，小时候的我没有出过远门，非常向往外面的世界，我的梦想是不为良相，则为良医。

如今，梦想果然实现了，我成为一名中医皮肤科医生。

我的生活一直平平淡淡，直到2017年2月17日，我的丈夫因心肌梗死突然离世，留下了我和14岁的儿子，以及刚刚到国外读书的女儿，还有巨额的债务。紧接着3月底，孩子的大伯也因为心肌梗死去世。我的父亲又被诊断出肺癌，住进了肿瘤医院。因此，我在工作和医院之间奔波成了常态。

在医院我不仅要照顾父亲还要兼顾因鳞状上皮细胞癌住院的堂弟，生活充满了挑战。我在忙碌和疲惫中挣扎，几乎无暇顾及儿子的生活和学习，我的生活变得支离破碎。

一年后，堂弟去世，我的父亲也在2018年正月二十六离世。作为一名医生我感到极度内疚和迷茫，生活似乎失去了方向。在这期间我频繁丢钥匙、丢手机（共丢了三部手机），一个月之内请了七八次开锁公司，后来自己都学会开锁了。

我努力工作，工作可以让我暂时忘掉一切。我试图在忙碌中寻找平静，加入了蓝天救援队，参与搜救和安全知识宣讲等活动，逐渐找回了力量。

2019年年底，我因甲状腺癌住院，生活再次陷入困境。因儿子和女儿不在身边，我只能独自面对手术。出院后，我不得不卖掉房子，用所得资金支付儿女学费和偿还贷款。我开始了租房生活，四年多来，居无定所，频繁搬家，生活充满了不确定性和不安。有时我会在出门时感到迷茫，不知道该去向何方？

尽管如此，我依然坚持着，寻找着生活中的方向和意义。

在这个过程中，我学会了坚强和独立。我意识到，无论生活给我带来多大的挑战，我都必须有能力和勇气去面对。

02 寻找内心平静的光明之路

我渴望找到一条能够通向光明的道路，让心灵得到安宁。在这段艰难的时期，我遇到了新陈老师，后来，又遇到春燕和大亮老师，加入了他们的唯一私塾，继续学习。虽然我对这些经典智慧理解不深，但是这给了我心灵上的曙光，让我在黑暗中看到了一线光明。

2022年8月，涿州发生洪水，我们蓝天救援队决定前往救援。经过四天的艰苦努力，洪水退去，我们受到了涿州人民的热情欢送。回到郑州后，我接受了电视台的采访，郑州地区的群众还为我们举行了迎接仪式，但我感到迷茫。我开始质疑自己做公益的动机是为了荣誉和获得关注，还是出于自己的初心。

在荣誉面前，我迷失了自己，忘记了自己最初的目标。我意识到，即使在最艰难的时刻，也不能忘记初心。在涿州救援的经历让我深刻反思，我决定继续学习经典智慧，寻找内心的平静和光明。

在学习的过程中，我逐渐明白了真正的富足，不仅仅是物质上的，更是心灵上的。我开始尝试将这些智慧应用到生活中。虽然过程中有挫折和困难，但我没有放弃，我学会了在逆境中寻找成长的机会，用积极的态度面对生活的挑战。

03 西藏之旅

在经历了人生的重重打击后，我决定踏上一条寻找自我的旅程，前往我向往已久的西藏。在这片神圣的土地上，我感受到了心灵的震撼。从布达拉宫到冈仁波齐，我被西藏的自然风光和人民的虔诚信仰深深吸引。尽管西藏土地贫瘠，但人们的信仰丰盛，内心充实，我被他们诵经、大拜的虔诚所感动，心灵得到了前所未有的净化。

在冈仁波齐，我经历了一次难忘的冒险。在登顶的过程中，由于天色已晚，我误入了一条陡峭的小路。我一直走到了河边，沿着河边往上游走，却走错了方向，一直没有走到目的地——河的对岸。

随着夜色加深，我感到越来越冷，身体疲惫不堪。我意识到自己可能无法走出这片寒冷的山区，心中不禁涌起了绝望。我坐在大石头上，开始回顾自己的一生，思考是否有遗憾和未了的心愿。我想到了母亲和孩子，想到他们的生活已经被安排妥当，我感到一丝安慰。

我想象着母亲幸福的笑容，感到自己已经尽力履行了子女的义务；我在工作中也尽职尽责，对待每一个病人都认真负责；我的孩子们都已经长大，具备了生活的能力，我已经尽到了作为母亲的责任……

就在我几乎放弃希望的时候，我听到了远处传来的佛歌，看到了闪烁的灯光，我用手电筒发出信号。不久后，两个藏地的年轻人找到了我。我白天时曾在某个景点遇到过他们，他们发现我走错了方向，因此特地返回来找我。在他们的帮助和搀扶下，我得以安全地回到山下的旅馆。

这次经历让我深刻地意识到：生活中所有的困难和挑战，都是为了让我们变得更强大、更优秀。我感激上天的安排，让我在最困难的时刻得到了帮助。我决定将这次经历转化为力量，继续我的旅程，引领更多人走向光明。

老天既然不想让我死去，我一定还有未完成的使命。我下定决心要以自己的经历和智慧去帮助和启发他人，就像一盏灯点亮另一盏灯，以一灯传诸灯，终至万灯皆明！

这次西藏之旅不仅是一次心灵的洗礼，也是我人生新篇章的开始！

现在我的女儿在国外有一份稳定的工作，儿子也已经完成学业，母亲身体健康。我们也已经结束了四处租房的生活，买了一套新房，住进了梦想中的房子，我的生活充满了阳光和鲜花。

04 实现梦想生活

每天早上我发愿、诵读、学国学、打坐，雷打不动。同样是上班，现在的我心更加平静、谦卑和自在。工作时我用心温暖每一个患者，希望自己像灯塔一样照亮他们的前行之路。

在西藏的旅途中，我深刻体会到生活中的每一次挑战，都是为了成就更好的自己。我决心成为一盏灯，不仅仅为自己，也为那些在黑暗中迷失方向的人。我要在纷扰的世界中，保持谦卑和喜悦，让内心像河流一样敞开和流动，活出真实的自己，追求梦想，无论山高水长。

正如泰戈尔所说："**用生命影响生命，把自己活成一道光，因为你不知道谁会借着你的光走出了黑暗；请保持心中的善良，因为你不知道谁会借着你的善良走出了绝望；请保持你心中的信仰，因为你不知道谁会借着你的信仰走出了迷茫；请相信自己的力量，因为你不知道谁会因为相信你开始相信了自己。**"愿我们每个人都能活成一束光，绽放所有美好。

我坚信上天让我们成为好人，这是对我们最大的褒奖。我要成为自己的阳光，不必成为他人的拯救者，只需展现自己的光芒。我将接受宇宙的智慧和恩典，感恩一切成就了今天的我！

我要把这份光明传递给更多人，给他们带去希望和温暖，像太阳一样发光，照亮自己，温暖他人，让世界因我的存在而更加美好！

向内觉察，向外成长

Lena（陈艳）

中级社工师

高级家庭教育指导师

国家二级心理咨询师

中国心理学会注册助理心理师

心理学有这样一句话：谁痛苦谁改变。改变的前提往往是你已经在现有的关系中痛苦不堪。每一次改变，都是在痛苦的触动下，不断向内觉察，向外成长。触痛我的地方是夫妻关系，所以我也在这部分的触动下不断觉察、成长。

01 从爱的包容到爱的冲突

我和老公相识于大学，最初他吸引我的地方就是他的温暖和包容。不管我做什么，他都不会批评我；我遇到的所有的问题，他都可以帮我找到解决方法；我打电话的时候，他总是能第一时间接听……大学和研究生阶段，我就像小公主一样，被老公呵护着，他包容我的任何小脾气，容纳我所有的情绪。

研究生毕业后，我们就结婚了。我也在老公所在的县城寻了一份工作，安心地过起了小日子。最初，我这个一直生活在城市里的“小公主”非常不适应，更加不适应的还有公婆过度“节俭”的生活。他们掌控他人的生活习惯，还对他人不停地批评指责，这些都让我窒息。老公说，他爸妈就是这样的人，他们说的话不用在意，听听就算了。每次我跟公婆产生矛盾，看到老公的包容和爱，我就选择继续隐忍。

伴随着两个孩子的到来，婆婆跟我们在一起生活的时间被无限延长，婆婆作为这个家的“女主人”掌控着一切。我对婆婆的抱怨越来越多，老公从原来的耐心开解我，到后来的不耐烦。后来，老公和我的工作量翻倍，我们彼此都自顾不暇，压力无处宣泄，更无力顾及他人。我们看到的都是对方的缺点，关爱变成了指责，沟通变成了争吵。原来跟婆婆两个人的战争，变成了三个人的争执。

02 让你痛的才促使你改变

当我惧怕的指责批评来自爱我、包容我的老公时，我不得不去反思，为什么会这样？我为什么这么害怕被批评？老公为什么也变得爱批评、指责起来？

小时候，妈妈说得最多的就是：“你就只能听好话，听不了一句坏话。”我也最讨厌这句话。小时候我最大的梦想就是离开家，这样就不会看到爸妈争吵，不会被他们批评。结婚初期，公婆批评我、教育我，老公总会帮我挡过去，私下也总是宽慰我。我当时最大的心愿就是等孩子们长大然后离开公婆。

后来老公再也不是庇护我的超人，不是可以听我抱怨的咨询师，不是在家任劳任怨的“老黄牛”。他对我有了更多的要求：希望我可以提高各方面的能力、承担更多家务、更好地照顾孩子、有更好的表达能力、可以独立面对单位的各种状况。他的各种期望变成指责，也让我对他丧失了信心，对婚姻丧失了信心。但是我不能再像以前一样，盼望逃离，因为夫妻关系不能断。**当你无法期盼用分离、躲避来解决生活中的痛点时，你就不得不去面对。**

03 学习中找寻方法

为了找回原来那个爱我、在乎我，把我宠成小公主的老公，我报了很多课，试图通过学习获得自己期望的婚姻关系。老师说："**人生只有一条路，那就是付出之路。**"为了家庭、为了老公去付出，不断地付出自然能换回老公的爱。我带着期待在家里承担更多，可是在我委屈地付出了十几天以后，并没有看到老公和婆婆对我任何的肯定。我无法面对他们对我的批评和指责，带着孩子搬出去住。停止付出，又开启了躲避模式。

既然付出没有用，我又回到了抱怨模式。我在学习团体里，一哭就是两年，把日常生活中的委屈、以前的埋怨，一次次地哭诉出来。我之所以害怕他人的指责、操控、评价，是因为我觉得自己不够好。

于是，我开启了"自我肯定打卡"。在日常生活的小事中，不断地肯定自己，生发内在力量。在学习团体中，我一次次付出、改变，不断被老师按下确认键。从他评到自评的肯定，让我不断地夯实信念——我就是优秀的。

当我的力量逐渐升腾起来以后，我可以更好地照顾自己和家庭：我负责起两个孩子的饮食起居，单位的事情我可以自己做决定，自己的小事业也按部就班开拓起来。看起来这是好事，但这却将我的夫妻关系引到了另外一层危机上。能力的增加，让我选择忽略老公的存在，这样我就不用担心我做的事、说的话是不是符合他的要求、是不是让他满意，我只顾着做自己开心的事情。

殊不知，我给自己竖了一块钢板，为了让老公的评价不至于对我产生影响，我保护自己不受伤害，同时也隔绝了与老公之间的沟通。

04
痛苦更加猛烈地攻击

我已经很努力地调整夫妻关系，虽然个人能力增长了很多，但是夫妻关系始终没有达到我期望的状态。我很难过，我想过离婚，无数次地想过。后来我发现，两个孩子也都和我一样，听不得他人批评，一听到批评就会哭，就会发脾气。我的爸爸不愿意听取他人的意见，我也不愿意被批评，我的孩子也不愿意被指责，这难道是遗传？

兜兜转转两三年的时间，我意识到有一些事情自己必须面对。表面看起来是需要改善夫妻关系，但实际是需要正确面对周围人的评价。无论是与父母的关系、同学的关系，还是现在的婆媳关系、同事关系……有些关系在一段时间后都可以躲开，只能用躲不开的夫妻关系和亲子关系，来提醒我作出改变。

我尝试着一遍遍做向内探索，分析自己不能接受批评的原因。我发现我对老公冷脸、皱眉的恐惧来源于小时候。小时候的我最怕的就是妈妈的冷脸，每次回到家都担心妈妈会不高兴。所以当看到老公脸色不好的时候，我会有莫名的恐惧，觉得自己是不是做错了什么。我也怕妈妈对我的批评，或者用一副恨铁不成钢的表情来教我如何说话办事。当老公批评我不会说话、让我学习各种技能的时候，我本能地开始反抗，“我做不到，我也不想做。”

既然意识到这是自己的问题，那就借着修正夫妻关系来修自己对批评的态度，修自己的内在价值感。

05 觉察练习修正

我开始按照以下步骤练习修正。

第一，信念。我要相信自己可以获得幸福美满的婚姻。当我确定自己想要的就是幸福美满的婚姻，那就朝着这个目标一步步做。以前我可能会陷入很多内耗中：婚姻还要不要？老公为什么变了？婆婆为什么讨厌？如果一直陷在这些纠结里，我就会不确定自己能不能得到幸福美满的婚姻，自己的目标也就变得不坚定。没有什么是自己不擅长的，只看你想不想要、要不要学，只要学就能会，最后就能得到。

第二，感恩。找个本子或者在手机里每天记录老公对家庭的付出。比如：感恩老公今天给我出主意，让我增加了与同事相处的技巧；感恩老公今天带猫咪去打针，让我不用再惦记这件事；感恩老公在我外出学习期间，在家里照顾两个孩子；感恩老公给我们准备晚餐……这样的感恩写多了，你再看见那个让你讨厌的人就会变得不那么讨厌了。

第三，练习。减少心理的抵触和对抗，其实我们都知道自己的爱人喜欢被如何对待，毕竟都是曾经深爱过对方的人。比如：我会在老公回来的时候，主动问问他今天工作的情况；如果他去厨房忙碌，我就跟着一起去帮忙；我会主动把家里的卫生收拾妥当……我可以看看或者询问他想干什么、需要什么，经过自己的思考以后再给予他需要的帮助。

第四，降低期待。跟老公在一起的过程中，一定还会产生新的矛盾。我们心里一定得明白，关系不可能一天翻转，大家都是在波动中螺旋前进的。所以，不要因为彼此之间又一次的矛盾心灰意冷，持续地学习和练习，一定会有所变化。

第五，觉察反思。我可能还是会被他的一两句话伤到。我的做法是，把令我不愉快的语言记录下来，先尝试着自己进行积极意义赋能，去体会这句话背后的爱。如果自己实在找不出来，或者某些话不知道如何回复，我就会找我的导师帮我分析以及回复。

第六，修正后再练习。当我学会了新的表达方式后，可能一开始我们说的会有些生硬，会不那么自然，但这是一个必经阶段。练习的过程中，我们可能还是会重新回到第四步和第五步。

感谢生命中所有的痛点，正是这些痛苦逼迫我不断向内觉察，发现问题的症结所在，再通过练习来验证、夯实内在的觉察，进而改变，继而不断成长。那些在你生活中绕不开的痛点，最终都会成为促使你成长的宝贵财富。

坚守梦想，成为孩子的“一束光”

何珊珊

国家二级心理咨询师

15 年一线学前教育工作者

2023年我又送走了一群毕业的孩子，在欣赏《毕业诗》时，有个孩子突然问：“何老师，你小时候的梦想是什么呀？”我惊喜地笑着说：“我小时候的梦想就是做一名幼儿园老师，我的梦想成真啦！现在记录下你们的梦想，希望你们长大后梦想也都能实现！”

听我这么一说，大家开始七嘴八舌地说自己的梦想，孩子们的一个个梦想，如同天空闪耀的星星，也把我的思绪拉回从前……

01
我的幼师梦

记得小时候，有一次医生误诊，医院开了病危通知书，经过及时的抢救并住院一个学期后，我的身体终于康复。那时性格单纯乖巧的我常常想，自己应该最适合在幼儿园做一名老师吧。

后来高考，我零志愿就报考了华东师范大学学前教育系，但事与愿违，最终我被另一所大学录取，学了另一个专业。毕业后，我并没有找到和自己专业相匹配的工作，想通过考会计证、文秘证的道路寻得一份工作的机会，然而一切并没有想象得那么顺利，再加上生活的一些变故，最终我迷茫了、焦虑了。

一次偶然的机会，我看到华东师范大学可以报名学习心理学的有关信息，我急切地加入其中。这次学习对我的人生产生了质的变化，很多课对我的认知都产生了强烈的冲击和影响，让我受益匪浅。经过笔试、面试，我取得了国家二级心理咨询师资格证书。

最重要的是，这次学习再次唤醒了我的梦想，原来"幼儿阶段是一个人成长的关键时期，会对人今后的一生产生如此巨大的影响"。至此我坚定了我的职业方向——幼儿园老师。

于是我又果断报考了教师资格证，并且一门心思选择了学前教育（当时本科学历可以报名中小学教师资格考试，而中小学的教师资格证向下辐射可以做幼儿园老师）。之后我又通过学前教育岗位培训班各科目的考试，最终获得了真正可以做一名幼儿园老师的资格。很幸运，我遇到幼儿园老师大缺口的时期，又经过几轮幼儿园的面试和实习，终于成为一名天天和孩子们打交道的一线幼儿园老师。

有一篇报道始终在我的教育路上激励着我——在一次有75位曾获诺贝尔奖的科学家参加的集会上，记者采访了一位老学者："请您谈谈，您是在哪所大学、哪个著名的实验室学到了您认为最重要的东西？"

老学者略想了下说："在幼儿园我学到了最重要的东西：把

自己的东西分一半给小伙伴，不是自己的东西不要拿，东西要放整齐，吃饭前要洗手，做错了事要道歉，午饭后要休息，要仔细观察周围的大自然。从根本上说，我学到的东西就是这些。”与会的科学家们对此都表示赞同。

这篇报道虽不长，但极大地震撼了我。这位老科学家的话给我的启示是：**幼儿教育对一个人的成长有着极其重要的作用，幼儿教育最重要的是培养幼儿如何做人，即培养一个人的精神和良好的习惯。**

02
“共情”的力量

后来在幼儿园，我带教过很多年小班。开学初，孩子们因为分离焦虑而产生各种各样不适应的情况，而我总是能通过心理学常用的方法“共情”，让孩子们的情绪瞬间转变。

记得每次小班开学的那几天，教室里的哭声此起彼伏：“我要爸爸，要妈妈，要……”然后孩子们越说越伤心，这时，我不会马上劝阻他们，而是和他们共同感受：“你是不是想妈妈了？老师知道的。”

“我现在就给你妈妈发个微信。”我给孩子看妈妈的微信头像，以此来缓解孩子的焦虑。“你很想妈妈，希望她准时来接你，对吗？现在我们把‘想妈妈’先放在自己的心里。”我一边说，一边拉起孩子的小手放在心口的位置。“到家后告诉妈妈你想念她，好吗？我们拉勾说定了。”这个方法很有用，孩子的情绪瞬间都好了很多。当然后面还会有各种各样的反复，这时需要我有足够的耐心，按照每个孩子不同的节奏帮助他们顺利度过分离焦虑期。

这件事，如果用传统的眼光去看，教师似乎只有让孩子不哭，才算是教育有方。可是，了解孩子的内心才是最重要的。在处理这件事情的时候，我既给他们以妈妈般的安慰和关爱，又以朋友的身份和他们沟通，引导他们适应环境，我想这都是“共情”的力量。

《3—6岁儿童学习与发展指南》中指出我们要“允许幼儿表达自己的情绪，并给予适当的引导”，这有助于幼儿形成良好的安全感和乐观态度。我也在幼儿园的一日生活、学习、游戏、运动活动中，融入了这样的“共情”，这让我和孩子们的距离更近，关系也更亲密，同时也让我对他们的教育更有效了。特别是有一些所谓的“特殊孩子”，就连园长都会说：“孩子谁的话都不听，怎么就听何老师的呢！”

从事幼教的这15年，我深深感受到：每个孩子都是独一无二的，他们的感受和需求同样珍贵，倾听孩子的心声，理解他们的情感和需求，是建立信任和爱的桥梁。

03 做特殊孩子的“一束光”

在2023年大班毕业典礼上，看着彤彤和其他孩子站在一起表演绘本剧《狐狸和兔子》，我感触颇多。我还记得小班时发现她的异常和她的家长沟通的场景，彤彤妈妈说：“我们去儿保科做过检查，没问题啊！我们彤彤很聪明的。”她并不理解彤彤的行为和情绪才是当下最大的问题。

当时我着急地说：“彤彤妈妈，孩子的问题需要到三甲医院看心理科哦！越早干预她的问题就好得更快啊！我就是二级心理咨询师，请相信我！”没想到这次我讲到了彤彤妈妈的心坎上，后来彤彤妈妈就慢慢转变了。

彤彤妈妈先来陪读，发现了问题的严重性，开始带彤彤到专业机构做感统训练，中班时彤彤妈妈再陪读半天，接着彤彤自己独立来园半日活动，最后彤彤几乎天天坚持来园和同伴一日活动。家长看到孩子一点一滴的变化也欣喜不已。

从小班到中班，我一直和彤彤妈妈做着密切的思想沟通和育儿指导。彤彤的变化有目共睹，在一日生活中，当她积极要求做餐厅值日生时，我会鼓励她，同时会给她配一个餐点值日做得好的孩子一起帮助她、督促她、提醒她；当她对不感兴趣的学习活动专注力不集中时，我时时提醒她；而当她在运动和游戏的户外活动中无所适从时，我继续不断地关注提醒她。尽管有时她还会因为一点点琐事哭，我也会用各种方法让她自己反思成长。

当我看到这样一名由于三岁前家庭教养方式不当，使其因“行为过度”而无法适应幼儿园的生活环境，其社会性、情绪控制在小班时就出现问题的“特殊”幼儿，如今能顺利地进入小学学习，真是感慨万千。

转眼我在幼师岗位上已经工作了15年，这些年来因为心理学，我更早接触到新的教育理念：**尊重孩子，和孩子共情，始终是我和孩子们建立良好关系的基础。**

我送走了一届又一届的学生：辉辉是一个活泼开朗的孩子，语言天赋很强，讲故事总是讲得惟妙惟肖；静静是一个有音乐天赋的女孩子，乐感很强，每次放音乐她都会情不自禁地随着音乐翩翩起舞；佳佳很有领导能力，在日常生活中总是孩子们的“小太阳”；仝仝既调皮又机灵，在游戏中常常玩出新花样，但一不小心就会闯祸，得多加注意；紫欣温顺懂事，但不太合群，性格有点孤僻，需要适当鼓励和引导，给她建立自信心……正是这样的相处教育，孩子们喜欢我，同时也敬畏我，家长们也常常悄悄地告诉我，孩子在家总说最喜欢何老师。正因为这样，家长们也尊重我、配合我，这些都让我倍感欣慰和满足。因为我坚信良好的师生关系或亲子关系才是教育的前提。

每当孩子们在一次次比赛中获奖，或在活动中表现突出时，我想并不是因为我指导得有多好，而是我鼓舞了他们，唤醒了他们，让他们找到了自己的长处，让他们在幼儿园也能有自己最好的状态。

不忘初心，细水长流，则能穿石。人生的路上怎会一帆风顺，幼教路上怎会没有磕磕碰碰，我要不忘初心，**牢记心中那份坚定的信念，始终如一，不轻言放弃，始终坚持心中那份最初的梦想。**我仍将继续学习，保持内心的宁静、安然，面对生活的挑战……

不忘初心，做一个正能量的人，要有自己的信念、爱好、原则、信仰，宠辱不惊、淡泊宁静、心静如水，才能感受到云过天更蓝、船行水更幽的意境。

不忘初心，一如既往地爱孩子。每个幼儿都有不同的闪光点，这些点点滴滴的小事，我都用心记录下来，用不同的方式来教导他们，同时加强和家长的沟通、指导，使每个孩子都能自由而健全地发展自己的个性。

每每看着孩子们天真的脸庞，我都有一种成就感和满足感，同时也更加强了我对幼教事业的热爱。